U0615950

新工科·普通高等教育系列教材

工程测试技术

主　编　李　可　宿　磊　顾杰斐

副主编　赵新维　张思雨　化春键　吴静静

参　编　孙　钰　和　猷　段昕芳　张　柏　娄云霞

机械工业出版社

此书旨在全面介绍工程测试技术的各个方面,内容涵盖从最基础的理论到最前沿的工具和方法。本书共7章,绪论部分主要阐明测试的基本任务及未来的发展趋势,同时介绍本书的特点及教学目标,为读者后续学习奠定坚实的基础;测试信号分析与处理章节介绍了信号的分类和采样过程,重点讨论信号时域、频域、相关和时频分析;数字信号的滤波章节系统概述传统滤波器的类型及离散数字信号时频域转换滤波方式,并介绍无限脉冲响应滤波器和有限脉冲响应滤波器;常用传感器章节介绍常用传感器的类型,包括结构型、物性型以及新型传感器,并提供传感器选型的依据;信号调理与显示章节主要介绍信号的调理和转换方法并总结几种常见的信号处理、接收和显示形式;测试系统性能章节简要介绍测试系统特性的分析方法;最后自动化测试系统章节介绍自动化测试系统的发展历程以及现有测试系统的应用场景。本书可作为机械工程学科各专业本科生的教材,也可供相关专业工程技术人员参考。

图书在版编目(CIP)数据

工程测试技术 / 李可,宿磊,顾杰斐主编. -- 北京 :
机械工业出版社,2024.12. -- (新工科·普通高等教育
系列教材). -- ISBN 978-7-111-77011-4

Ⅰ. TB22

中国国家版本馆 CIP 数据核字第 2024ZL9530 号

机械工业出版社(北京市百万庄大街22号　邮政编码100037)
策划编辑:丁昕祯　　　　　　责任编辑:丁昕祯
责任校对:曹若菲　李　婷　　封面设计:张　静
责任印制:单爱军
保定市中画美凯印刷有限公司印刷
2025年6月第1版第1次印刷
184mm × 260mm · 9印张 · 218千字
标准书号:ISBN 978-7-111-77011-4
定价:35.00 元

电话服务　　　　　　　　　　网络服务
客服电话:010-88361066　　　机 工 官 网:www.cmpbook.com
　　　　　010-88379833　　　机 工 官 博:weibo.com/cmp1952
　　　　　010-68326294　　　金 书 网:www.golden-book.com
封底无防伪标均为盗版　　机工教育服务网:www.cmpedu.com

前　言

在当今信息技术的浪潮中，工程测试技术日益凸显其重要性。作为工业生产和科学研究的共性技术，工程测试技术在各个领域都发挥着广泛而关键的作用。它不仅深刻影响着创新型工业产品的研发、制造和维护的每一个环节，更是新兴科技，如物联网、人工智能和自动化系统中数据的精确获取与可靠性评估的坚实基础，极大地推动了科技进步和生产效率的提升。伴随着产品信息化、数字化和智能化的发展趋势，工程测试技术已成为衡量一个国家科技发展水平的重要标志。

随着5G和数字化时代浪潮汹涌而至，物联网、智能制造、大数据分析、自动驾驶技术、人工智能以及机器人等创新领域正在以前所未有的速度发展，精确高效的工程测试技术则是其发展的坚实基础。为了适应这股科技浪潮，搭建教育与实践之间的桥梁，我国高等院校在近几十年不断加强对"测试技术"课程的投入力度，特别是在机械及测控类专业中，工程测试技术已成为基础必修课程，为培养高水平人才提供了有力支撑。

在教学实践中我们发现，学生普遍面临如何将理论知识与实际操作有机结合的挑战，亟须培养能够灵活利用工程测试技术处理工程问题的能力。本书旨在深化高等工程教育改革，贯彻新时代技术创新的教育理念，着力突出工程实践和创新设计能力的培养。我们希望本书不仅能够提供系统、全面的理论知识，还能引导学生掌握实际应用技巧，激发学生的创新潜力，最终培养出能够适应新时代技术要求、引领行业发展的工程技术人才。同时，我们希望本书能够为学术研究和工程实践人员提供参考，对于工程测试领域的教学和应用起到促进作用。希望读者能够通过学习本书掌握前沿的工程测试理论知识和应用技巧，成为能够胜任未来挑战的优秀工程技术人才。

本书旨在全面介绍工程测试技术的各个方面，内容涵盖从最基础的理论到最前沿的工具和方法。全书共分7章，其中第1章绪论部分，主要阐明测试的基本任务及未来的发展趋势，同时介绍本书的特点及教学目标，为读者后续学习奠定坚实的基础；第2章测试信号分析与处理，介绍了信号的分类和采样的过程，重点讨论信号时域、频域、相关和时频分析，为读者揭示信号处理的内在逻辑与奥秘；第3章数字信号的滤波，系统概述传统滤波器的类型及离散数字信号时频域滤波方式，并介绍无限脉冲响应滤波器和有限脉冲响应滤波器；第4章常用传感器，介绍常用传感器的类型，包括结构型、物性型以及新型传感器，并提供传感器选型的依据；第5章信号调理与显示，主要介绍信号的调理和转换方法，具体说明桥式电路以及测量放大器的工作原理，并总结了几种常见的信号处理、接收和显示形式；第6章测试系统性能，简要介绍测试系统特性的分析方法，便于读者根据自己的需求搭建合适的测试系统；第7章自动化测试系统，介绍自动化测试系统的发展历程以及现有测试系统的应用场景。

本书是在吸收和融合主流工程测试技术精髓的基础上，经历多轮教学实践和课程改革打造而成的精品教材，凝聚了近 15 年的教学智慧和成果，形成了以下特色：

1) 系统全面的知识结构：本书着力于建立完整的工程测试技术知识框架，全方位涵盖了从基础理论、测试原理到先进测试技术和设备的内容。每一章节都细致阐述了各自的专题，并巧妙地连接起前后知识点，为读者提供连贯的学习体验。

2) 强调理论联系实际：本书以丰富的案例为纽带，将理论知识与工业和科研领域的实际问题紧密结合。通过解析实际测试场景和问题，读者能够更加深刻地理解并掌握测试技术的应用价值，实现知行合一。

3) 融入最新科技成果：本书积极吸纳了当前最前沿的科技成果，如物联网、人工智能、大数据分析技术，使读者能够了解到测试技术与现代科技发展的紧密联系。

4) 国际视野与本土实践相结合：教材内容兼顾国际前沿发展趋势与本土产业应用实际，具有全球视野的同时也具有地域特色，为读者提供了广阔的学习与借鉴空间。

本书理论基础部分沿检测流程主线展开，逻辑清晰，分析深入。应用案例部分引入了众多源自真实科研和生产场景的实例，使理论与实践结合。因此，本书既适应高校教学和自学需求，也适合从事科研、设计的工程技术人员参考。

本书由李可教授、宿磊副教授等人共同完成，李可教授和化春键副教授为本书的设置与改革、教学内容与体系的建立、大纲的修订、教材校核等做出了重要贡献。李可教授负责第 1、6、7 章的编写，宿磊副教授负责第 2、4 章的编写，顾杰斐副教授负责第 3 章的编写，赵新维讲师负责第 5 章的编写，博士张思雨、研究生孙钰、和猷、段昕芳、张柏、娄云霞参与了编写工作，吴静静副教授负责统稿并提出了很多宝贵意见。

本书的编写得到了江南大学教务处、机械工程学院教务科的一贯支持，教材出版获得了机械工业出版社的大力支持，在教材编写过程中还参考了大量测试技术方面的教材和论著，在此向以上文献作者表示衷心感谢。由于工程测试技术在不断发展，教学也在不断改革和发展，囿于编者水平，书中难免存在疏漏之处，恳请读者批评指正。

编　者

目　　录

第**1**章 绪论

　　测试是人类认识客观世界的手段，是科学研究的基本方法。测试技术是当今信息时代的一门重要的基础技术，科学探索需要测试技术，用准确简明的定量关系和数学语言来表述科学规律和理论也需要测试技术，检验科学理论和规律的正确性同样需要测试技术，即精确的测试是科学的根基。测试技术是以现代科学技术的发展为支撑，反过来又促进了现代科学技术的进一步发展，广泛应用于工农业生产、科学研究、国内外贸易、国防建设、交通运输、医疗卫生、环境保护和人民生活各个方面，成为国民经济发展和社会进步必不可少的一项基础技术。因而，先进测试技术已成为经济高度发展和科技现代化的重要标志之一。

　　"工程测试技术基础"是为机电类专业开设的一门专业课，内容主要包括信号及描述、信号分析与处理、测试系统基本特性、常用传感器、信号调理及显示记录、信息技术的工程应用等。测试的基本任务是获取有用信息，首先检测出被测对象的有关信息并加以处理，最后将其结果提供给观察者或输入其他信息处理装置和控制系统。因此，测试技术属于信息科学范畴，是信息技术三大支柱（测试控制技术、计算技术和通信技术）之一。制造业由机械化向自动化、数字化、智能化的发展过程中，工程测试技术起到了举足轻重的作用。本课程旨在传授工程测试技术相关的基本理论、技术和方法，着重培养学生的科学思维和创新实践应用能力。

1.1　测试技术的基本概念

1. 测试技术

　　测试技术是测量和试验技术的综合，是获取信息的过程。在现代科学研究和生产活动中，需大量了解被测对象的状态、特征及变化规律，甚至需通过测量来知晓未知量，并对其做出客观而准确的定量描述。试验是带有研究、探索、论证性的实践活动，工程试验中需要进行各种物理量的测量，以得到准确的定量结果。把两者有机结合起来，测试可以定义为研究性、探索性、论证性的测量过程，需具备专门的知识，采用特定的技术手段完成的测量工作。

2. 测量

　　测量、计量与测试是密切相关的技术术语。测量（Measurement）是将被测量与同种性质的标准量进行比较，从而获得被测量大小的过程，即以确定被测量的大小或取得测量结果为目的的一系列操作过程。

3. 被测量

　　本书主要测试对象为工业生产过程以及机电产品中的物理量，如位移（机床工作台的位移、自动线上工件的位移、工件的尺寸等)、压力（液压回路的压力、发动机气缸内的压力、压力容器内的压力等)、力（机床的切削力、机械手的夹持力等)、速度（工作台的位移速度、主轴的旋转速度等)、温度（环境温度、炼钢炉内的温度等)等。

被测量是变化的，随时间产生连续或不连续（离散）的变化，且变化有快有慢，如气温随时间变化缓慢，而机床的振动随时间变化很快。被测量可分为两类：确定性的和非确定性的，测试过程中的信号也相应地分为确定性的信号和非确定性的信号。能够用函数关系准确描述的为确定性信号（如匀速的直线位移），不能用函数关系准确描述的为非确定性信号或随机信号（如机床的振动）。测试过程中即使被测量是确定性的，由于受各种随机信号的干扰，信号也会由确定变为不确定。因此，处理不确定信号或从不确定信号中获取信息是测试过程中的主要任务。

4. 测量方法

实现被测量与标准量相比而获得比值的方法，称为测量方法。

根据获得测量值的方法不同，可将测量方法分成直接测量、间接测量和组合测量。直接测量是指将测得值与标准量直接比较，不需要任何运算，直接得到被测量数值的测量方法，例如，电流表测量电流、温度计测量温度等。间接测量是指先对与被测量有确定函数关系的几个量进行直接测量，然后再将直接测得的数值代入函数关系式，经过计算得到所需结果的测量方法，例如，测量一个梯形的面积、测导线的电阻率。组合测量是指同时采用直接测量和间接测量两种方法进行测量的测量方法。直接测量的测量过程简单、快速，缺点是精度不高。间接测量比较复杂，花费时间较长，但其测量精度比直接测量的精度高。组合测量是特殊的精密测量方法，测量过程长且复杂，多适用于科学试验或某些特殊场合。

根据被测物理量随时间变化的特性，可将测量方法总体分为静态测量和动态测量。静态量是静止的或缓慢变化的物理量。动态量是随时间快速变化的物理量。对静态量与动态量的测量分别称为静态测量与动态测量。静态测量与动态测量是相对的，有时可以转换。本书主要研究动态量的测量，即动态测量的理论、方法及应用。

5. 计量

如果测量的目的是实现测量单位统一和量值准确传递，则这种测量称为计量。因此，研究测量、保证测量统一和准确的学科被称为计量学（Metrology）。具体来讲，计量的内容包括计量理论、计量技术与计量管理，这些内容主要体现在计量单位、计量基础（标准）、量值传递和计量管理等。计量的主要特征为统一性、准确性和法制性。

计量的国际单位（SI 制）分为基本单位和导出单位两类。基本单位为具有严格定义的、量纲上彼此独立的单位，分别为：米（m）、千克（kg）、秒（s）、安［培］（A）、开［尔文］（K）、摩［尔］（mol）与坎［德拉］（cd）。导出单位由基本单位按照选定的代数式组合而成的单位。

实际上，计量一词只用作某些专门术语的限定词，如计量单位、计量管理、计量标准等。组成的新术语都与单位统一和量值准确可靠有关。测量的意义则更为广泛、普遍。

6. 测试任务

测试（Measurement and test）是具有试验性质的测量，可以理解为测量和试验的综合。由于测试和测量密切相关，实际使用中往往并不严格区分测试与测量。一个完整的测试过程必涉及被测对象、计量单位、测试方法和测量误差。

测试是为了获取有用的信息，而信息总是蕴含在某些物理量之中，这些物理量就是信号。因此，信息是以信号的形式表现出来的。电信号在变换、处理、传输和应用等方面具有明显的优点，已成为目前应用最广的信号。各种非电信号也往往被转换成电信号，再进行传输、处理和运用。一般来说，测试工作包含：被测对象激励、信号的检测和转换、信号的调理、分析与处理、信号的显示与记录等环节，以及必要时以电量形式输出测量结果。如何估计一个研究对象的模型结构，设计试验方法以最大限度地突出所需信息并以比较明显的信号形式表现出来也是测试工作的一部分。

测试工作不仅能为产品的质量和性能提供客观的评价，为生产技术的合理改进提供基础数据，还是进行一切探索性、开发性、创造性和原始性的科学发现或技术发明的重要的、甚至是必需手段。在许多测试场合中，并不考虑信号的具体物理性质，而是将其抽象为变量间的函数关系，特别是时间函数或空间函数，从数学上加以分析研究并得出一些具有普遍意义的理论。这些理论极大地发展了测试技术，被称为信号的分析和处理技术。测试工作是一个非常复杂的任务，需要多种学科知识的综合应用。根据系统的简繁和要求的不同，并不是每项测试工作都要经历上述的每个步骤，很多工作是可以大大简化的。但在某些工作中，例如图 1-1 所示研究大型汽轮发电机组的振动特性所进行的测试是相当复杂的。

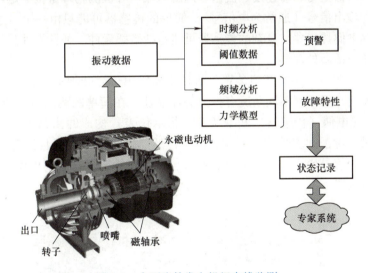

图 1-1　大型汽轮发电机组在线监测

1.2　测试系统的组成

测试系统的概念是广义的，在测试信号通道中，任意连接输入输出并具有特定功能的部分均可视为测试系统。测试工作涉及试验设计、模型理论、传感器、信号的加工与处理、误差理论、控制工程、系统辨识、参数估计等内容。掌握测试系统的基本特性，正确选用、校准测试系统，可避免系统特性影响测试结果的精度和可靠性。

测试中，首先将被测物理量从研究对象中检出并转换成电量，然后根据需要，对变换后的电信号进行某些处理，最后以适当的形式输出。电信号的这种传输过程决定了测试系统的基本组成和它们的相互关系，如图 1-2 所示。

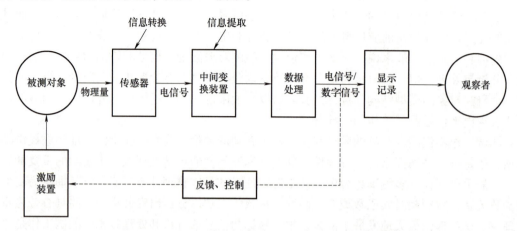

图 1-2　测试系统简图

（1）**传感器**　传感器直接作用于被测对象，位于整个测量系统最前沿，是信号的直接采集者。传感器将诸如力、加速度、流量、温度、噪声等被测物理量按一定规律将其转换成同一种或另一种输出信号（通常为电信号）。简单的传感器可能只由一个敏感元件组成，例如测量温度的热电偶传感器。复杂的传感器可能包括敏感元件、弹性元件甚至变换电路，有些智能传感器还包括微处理器。

（2）**中间变换装置**　中间变换装置是将传感器输出信号转换成为便于传输和处理的规范信号。中间变换装置根据不同情况有很大的伸缩性。在简单的测试系统中可能完全省略，如图 1-3 所示，热电偶（传感器）和毫伏表（指示仪表）构成的测温系统将传感器的输出直接显示或记录。对于大多数测试系统，因为传感器输出信号微弱且混有噪声，不便于处理、传输和记录，信号变换（包括调制、放大、解调和滤波等）必不可少。远距离测量时，还需要数据传输装置。

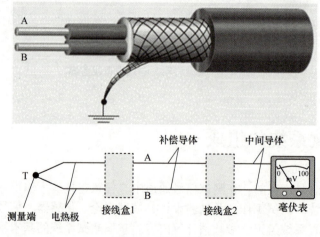

图 1-3　测温系统

中间变换装置也可分为信号调理和信号处理两部分。信号调理环节把来自传感器的信号转换成更适合进一步传输和处理的形式。多数情况下是电信号之间的转换。例如,将幅值放大、阻抗变化转换成电压的变化或将阻抗的变化转换成频率的变化等。信号处理环节接受来自调理环节的信号,并进行各种运算、滤波、分析,将结果输至显示、记录装置或控制系统。

(3) 显示记录 以观察者易于认识的形式显示测量结果,或者将测量结果存储,供测试者进一步分析。若该测试系统就是某一控制系统中的一个环节,则处理结果可以被直接运用。

(4) 激励装置 由于客观事物的多样性,测试工作所希望获取的信息可能已载于某种可检测的信号中,也可能尚未载于可检测的信号中。对于后者,需选用合适的方式激励被测对象,使其处于能够充分显示有关参量特性的状态,以便有效地检测信号。

应当指出,测试系统的组成与研究任务有关,并非所有的测试系统都具备如图 1-2 所示的环节,尤其是反馈、控制环节。根据测试任务的复杂程度,测试系统中的传感器、中间变换装置以及显示记录等环节又可由多个模块组成。且在所有的环节中,各环节的输出量与输入量之间应尽量保持一一对应和不失真的关系,并尽可能地减少或消除各种干扰。因此,一个理想的测试系统应该具有单一的、确定的输入输出关系,且系统特性不随时间的推移发生改变。

当系统的输入输出之间呈线性关系时,分析处理最为简便。满足上述要求的系统是线性时不变系统,具有线性时不变特性的测试系统为最佳测试系统。在工程测试实践中遇到的测试系统大多属于线性时不变系统。一些非线性系统或时变系统在限定的范围与指定的条件下,也遵从线性时不变规律。

1.3 测试技术的发展趋势

当今科学技术的快速发展为测试技术的进步创造了有利条件,同时也对测试技术提出了更高的要求。尤其是计算机软件技术和数字处理技术的进步,促使微型传感器、集成传感器和智能传感器取得了迅速的发展,加之信息技术和微电子技术的快速发展,使测试技术和测试仪器仪表取得了跨时代的进步,仪器仪表向高精度、高速度、智能化、多功能化和小型化方向发展。同时,测试技术中,数据处理、在线检测和实时分析能力迅速增强,使仪器仪表的功能得到扩大,精度和可靠性也有了很大的提高,与传统仪器仪表相比有了很大的改善。在工程技术领域,工程研究、产品开发、生产监督、质量控制等方面,都离不开测试技术,尤其是工程中广泛应用的自动控制技术已越来越多地应用于测试技术。测试装置是控制系统中不可缺少的重要组成部分,而传感器技术的发展,更加完善和充实了测试和控制系统。随着现代社会的不断进步,测试技术的应用领域将更加广泛。未来测试技术的发展主要体现在以下 4 个方面:

1. 新型化、集成化、微型化、智能化的传感器

测试技术中,传感器以一定的精度和规律将被测量转换为与之有确定关系、便于应用的某种物理量。早期发展的传感器为结构型传感器,主要利用物理学的电场、磁场、力场等定律所构成的结构部分的变化或变化后引起场的变化来反映待测量(力、位移等)的变化。

近年来，传感器技术有了较快的发展，按作用原理可分为电阻式传感器、电感式传感器、电容式传感器、压电式传感器、光电式传感器以及数字式传感器等。尽管如此，我国中高档传感器产品大部分从国外进口，传感器关键技术和产品被国外垄断和禁运。传感器已上升至国家战略需求，传感器产业已成为战略新兴产业的重要发展方向。

1）随着新材料的不断涌现，特别是新型半导体材料方面的成就，发展了很多对力、热、光、磁等物理量或气体化学成分敏感的器件，为传感器的开发打下了重要基础，使传感器的应用前景更加广阔。每一种新物理效应的应用，都可能产生一种新的敏感元件，用于对某种新的参数进行测量。除常见的力敏、压敏、光敏、磁敏材料，还有声敏、湿敏、色敏、气敏、味敏、化学敏以及射线敏等材料。利用物质特性构成的传感器通常被称为物性型传感器或物性型敏感元件，其中光导纤维不仅可作为信号传输，而且可作为物性型传感器。物性型传感器性能的优劣依赖于敏感材料，例如采用半导体硅材料研制的各类硅微结构传感器、采用石英晶体材料研制的各种微小型高精密传感器、利用功能陶瓷材料研制的具有各种特殊功能的传感器，如味敏传感器、集成霍尔元件、集成固态 CCD（Charge coupled device，电荷耦合器件）图像传感器等。开发新型功能材料以应用于传感检测，使得一些化合物半导体材料、复合材料、薄膜材料以及记忆合金材料等在传感器技术中也得到了成功应用。将新的物理、化学及生物效应应用于物性型传感器是传感技术的重要发展方向之一。

2）随着大规模集成电路（Integrated circuit，IC）和半导体技术的发展，使某些电路乃至微处理器和传感测量部分做成一体成为可能，从而使传感器具有放大、校正、判断和一定的信号处理功能，组成所谓的"智能传感器"。此外，随着测试的多功能需求，成功开发出了在一块集成传感器上同时测试多个待测对象的多功能集成传感器。传感器逐渐由单一物理量测量向多物理量测量的多功能集成化方向发展。

3）应用需求和制造技术的发展，传感器逐渐呈现小型化、微型化的发展趋势。传统方法制造的传感器体积较大、价格较高。从成熟的 IC 制造技术发展起来的微纳机械加工工艺逐渐被应用于传感器制造，其加工的传感器尺寸可达到微米、亚微米，甚至纳米级，并可以大批量生产，以制造出价格更低廉、性能更优的微型化传感器，从而促进传感器向高功能和小型化方向发展。

4）计算机技术的发展也使测试技术产生革命性的变化。传感器与微型计算机芯片相结合，发展出智能传感器。智能传感器可以自动选择量程和增益，自动校准与实时校准，进行非线性校正、漂移等误差补偿甚至复杂的计算处理，从而完成自动故障监控、过载保护及通信与控制。智能化传感器的开发，将微处理器与传感器结合，同时实现了检测和信息处理功能，代表未来传感器的发展方向。

2. 精密化、高速化、多功能化、智能化与小型化的测试仪器

为了促进先进制造技术的发展和应用，引发了许多面向现代制造的新型测试技术问题，推动传感器、测试计量仪器的研究与发展，使测试技术中的新原理、新技术、新装置系统不断出现。制造过程中测试计量的费用往往占产品成本的很大比例。根据美国、日本等工业发达国家的统计资料，汽车制造行业用于测试仪器及测试计量的费用约占产品成本的 10%，而在微电子制造行业，该占比高达 25%。随着制造业数控加工机床等先进装备的快速发展和应用，测试计量仪器在生产设备中的重要性更为突出。然而，在高端测量仪器方面，我国长期被西方国家制约，相关芯片曾经近 90% 依靠进口，核心技术受制于人。因此，高端测量仪器一直是我国科技发展的重点。

1）随着科技的不断发展，各个领域对测试精度的要求越来越高。在尺寸测试方面，从绝对量来讲已经提出了纳米与亚纳米级的测量要求，且纳米测量还不是单一方向的测量，而是实现空间坐标测量。在时间测量方面，分辨率已达到飞秒级，相对精度达 10^{-14}。在电量上则要求能够精确测出单个电子的电量。在航空航天领域，对飞行物速度和加速度的测量要求达到 0.05% 的精度。精度是计量测试技术永恒的主题。

2）在科学研究领域，部分物理现象和化学反应变化较快，有时甚至要用到飞秒激光进行测试。现代测试中，机床、涡轮机、交通工具等的运行速度都在不断加快，例如涡轮机转子的转速已达每分钟十几万次，要完成涡轮机转子和定子间气隙的准确测量，采样时间则要求达到飞秒级、采样频率要求达到太赫兹量级；飞行器在飞行中对其轨道和速度不断进行校正，这就要求在很短的时间内测出其运行参数，对测试系统的测试速度提出了更高的要求。因此，测量速度和反应速度在测试中起决定性作用。

3）随着社会的发展，需要测试的领域不断扩大，测试环境和条件也更复杂，同时需要测量的参数也不断增多，都对测试的功能提出了越来越高的要求。例如有时要求联网测量，在不同地域完成同步测量，且要实现高精度和高可靠性，这就要求测量系统具有更强的功能，才能满足对测试系统不断增长的要求。此外，对测试系统的性能要求、技术指标也在不断提高。在极端参数测试方面，要求测试系统的测试范围不断扩大，如尺寸测量要求能从原子核到宇宙空间，电压测量要求能从纳伏到百万伏，同时还要有很高的精度与可靠性，这些极端参数的测量将促使测试技术向解决这些极端测量问题的方向发展。

4）在计算机和互联网飞速发展的整个背景下，仪器仪表开始向网络化突进，如仪器仪表自动化、多台仪器联网、多维媒体、虚拟仪器仪表等。仪器仪表企业可通过网络平台与客户直接交流，突破了时间和空间的限制，实现网站信息直接交流，专家远程利用仪器仪表进行维护和分析等。同时，随着微处理器、人工智能技术的并行发展，以及仪器仪表和计算机的完美结合，仪器仪表行业也正在向智能化、微型化、虚拟化方向发展，并在微机械技术的微仪器应用领域取得了创新式应用，如芯片上的微轮廓仪、微血液分析仪的成功研制，更好地满足社会和人类发展需求。

3. 测试系统向网络化发展，参数测量与数据处理向自动化方向发展

近年来，我国的测试技术与应用取得了一些突破性进展，如 2018 年年底我国北斗卫星开始提供全球服务并支撑了我国的北斗导航定位系统。2019 年 1 月，华为正式发布天罡芯片、巴龙 5000 芯片等产品，展示了我国助力 5G 大规模快速部署的实力。由于电子技术和计算机硬件技术的快速发展，客观上要求测试仪器向自动化和柔性化方向发展，同时也给测试仪器向自动化方向发展提供了可能，正是在这样的条件下，产生了智能测试技术。

1）随着计算机技术、通信技术和网络技术的高速发展，以计算机和工作站为基础的网络化测试技术已成为新的发展趋势。现场总线能与因特网、局域网相连，且具有开放、统一的通信协议，肩负着生产运行一线测试、控制的任务。网络化测试系统一般由测试部分、数据信号传输部分及数据信号分析处理部分组成。网络化测试技术突出的特点是可以实现资源共享，多系统、多任务以及多专家的协同测试与诊断，且可以实现过程测控，测试人员不受时间和空间的限制，随时随地获取所需信息。

2）现代测试技术的发展使以计算机为核心的自动化测试系统成为可能。依靠专用硬件和软件使信号分析做到"实时"的地步。数字信号分析的方法和理论日益发展,手段也日趋完备,从而使其成为测试技术中重要的一个方面。此外,很多测试系统还利用微型计算机做后续处理工作,把各种测试数据(信号)输入,最终直接显示的结果。整个测试工作也可以在计算机的控制下,自动按照一定的试验步骤进行,直接给出结果,这也就组成了自动测试系统。

4. 智能化的测试信号处理技术

测试技术的发展涉及传感器技术、微电子技术、控制技术、计算机技术、信号处理技术、精密机械设计理论等众多技术领域,因此现代科学技术的快速发展为测试技术进步奠定了坚实的基础,只有不断加强测试技术的研究和开发力度,才能提高我国的测试技术水平,拓宽测试技术的应用领域,不断为我国科学研究和工程技术发展提供技术服务和有力支撑。当前智能测试方法可分为2类,即传感信号处理方法和以知识为基础的决策处理方法。智能测试通常有4种实现方式,即智能传感器、智能仪表、虚拟仪器和通用智能测试系统。智能测试系统由于采用先进的信息化技术,可充分发挥计算机内存量大、运算速度快的特点,利用知识处理方法实现测试技术的高度智能化。

1)利用信号处理技术解析检测数据特性、准确表征缺陷信息、提高数据价值密度,一直以来是国内外检测领域的研究热点。20世纪50年代以前,测试信号的分析技术主要是模拟分析方法。20世纪50年代后,大型通用数字计算机在信号分析中有了实际应用。进入20世纪60年代,人造卫星、宇航探测及通信、雷达技术的发展对信号分析速度、分辨能力提出了更高的要求。因此,为了更准确地对测试信号进行分析、处理与识别,多数学者会选择对原始信号进行预处理以提取更显著的特征信息。20世纪70年代后,由于大规模集成电路的发展及微型计算机的应用,信号分析技术有了广阔的发展前景,各种新算法不断出现。目前,应用比较广泛的方法主要是从时域、频域和时频域中对特征进行提取,也有部分学者综合多域的特征指标作为特征信息,并以此对待测信号状态进行识别。原始时域数据中隐藏着信号特征信息,可通过计算时域特征指标实现信息挖掘。时域特征指标可以被划分为两种类型,分别为有量纲常量与无量纲常量。有量纲常量包括平均值、标准差、均方根、峰值、方差等,这些指标会受机器运行速度和负载的影响。无量纲常量则由峭度、偏度、波形因子和峰值因子等组成,这些指标通常情况下受运行条件的影响较小,即具有一定的鲁棒性。信号处理方法可进一步增强隐藏在信号中的信息,快速傅里叶变换(Fast fourier transform,FFT)和包络分析等频域分析方法占据着十分重要的地位,且应用十分广泛。从频域中可以获取多种频域特征指标,如均方频率、频率方差、均方根频率、频率幅值方差等。为了更好地揭示旋转机械的动态行为,可使用时频分析法对原始信号进行特征提取,常见的方法主要包括短时傅里叶变换(Short-time fourier transform,STFT)、小波变换(Wavelet transform,WT)和经验模态分解(Empirical mode decomposition,EMD)等。除了对信号数据在一个域内进行分析与特征提取,也有学者综合多域信息进行特征提取,实现对信息更深层次的挖掘。例如使用FFT提取频域特征,并使用变分模态分解(Variational mode decomposition,VMD)提取时频域特征,以实现对原始振动信号中状态信息和固有特征的全面挖掘。

2)随着各行业对数据分析需求的持续增加,以知识为基础的决策处理方法被逐渐提出。其中,以机器学习为代表的新型数据处理方法可通过模拟人类学习行为,高效获取新知识或技能,推动当今信号处理技术向智能化方向发展。常见的机器学习算法有决策树、朴素贝叶斯、支持向量机、随机森林及人工神经网络等。随着工业大数据时代的到来，机器学习更强调"学习本身是手段"，并不断朝智能数据分析的方向发展。然而，面对复杂多样的数据，上述方法存在抗噪性弱、人工参与过多以及信号源先验知识要求高等方面的不足。如何基于机器学习进行深层次的分析以更高效地利用信息，已成为当前大数据环境下机器学习的主要研究方向。此外，由于数据产生速度持续加快，数据量呈爆炸式增长，使得大数据机器学习和数据挖掘等智能计算技术在大数据智能化分析处理应用中具有极其重要的作用。

3）深度学习是机器学习领域中一个新的研究方向，利用多重非线性变换构成的多个处理层对海量数据进行学习，实现在较高层次上刻画信息特征，具有强大的数据表示学习和分析能力，为基于人工神经网络的智能化分析处理技术带来新的活力。图 1-4 所示为深度学习神经网络模型。深度学习是一个非常复杂的机器学习算法，在语音和图像识别方面取得的效果远超先前相关技术。常用的深度学习模型主要有自编码器（Auto-encoder，AE）、深度置信网络（Deep belief networks，DBN）以及卷积神经网络（Convolutional neural networks，CNN）等。AE 是由输入层、隐含层和输出层三部分组成的一种无监督的深度学习方法，与其他神经网络的不同点在于，自编码器的输入层与输出层有着相同的神经元数量。AE 算法具有两大优势，一是其具有相对简单的网络结构，二是其具有相对容易的实现方式。受限玻耳兹曼机（Restricted boltzmann machines，RBM）是一种随机神经网络，通常有两层结构，DBN 则是基于 RBM 的改进。对 RBM 的结构进行加深，提出一种由多个 RBM 叠加而成的深

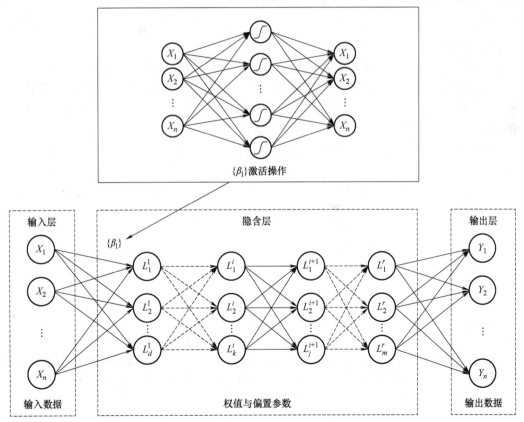

图 1-4　深度学习神经网络模型

度模型，其在故障诊断领域应用十分广泛。卷积神经网络（Convolutional Neural Networks，CNN）通常情况下包含卷积层、池化层和全连接层三个模块，是一种有监督的深度学习方法，在图像识别、语音处理和目标检测等领域取得了十分卓越的成就，并在信号处理领域得到广泛应用。深度学习以其强大的数据学习和分析能力，对原始数据实现端到端的处理，解决了很多复杂的模式识别难题，推动了人工智能相关技术的进步。

1.4　本书的特点及目的

　　测试技术是一门技术基础课，主要涉及工程数学、电工电子学、控制技术、计算机技术、数据处理技术等多门学科和技术。研究机械工程动态测试中常用的传感器、中间变换电路及记录仪器的工作原理，测量装置静、动态特性的评价方法，测试信号的分析和处理，以及常见物理量的动态测试方法。

　　通过本课程的学习，学生可综合应用所学的各种知识，正确选用测试装置并初步掌握动态测试所需要的基本知识和技能。为了使学生巩固和加深所学的基础知识，提高解决测试问题的能力，各章配有一定量的习题。同时，本课程具有很强的实践性，着重培养灵活合理应用基础知识解决工程实际问题的能力。只有在学习过程中密切联系实际，加强试验，注意物理概念，才能在掌握传感器与测试技术基础理论方法的同时，了解并熟悉几种测试设备的原理和使用方法，才能初步具有处理实际测试工作的能力，为学生进一步学习、研究和处理机械工程技术问题打下基础。

　　从进行动态测试工作的基本要求出发，学完本课程后应具有下列几方面的能力：

　　1）掌握测试技术基本理论，传感器、调理电路的工作原理及性能，并能合理选用。

　　2）了解信号的分类方式，掌握相关分析的基本原理和方法，以及时域和频域描述方法，熟练运用本书介绍的一些常见的时频分析方法。

　　3）熟练掌握测试装置静、动态特性的评价方法和不失真测试条件，并能正确应用于测试装置的分析和选择。

　　4）对动态测试工作的基本问题有完整的概念，并具备一定的设计测试方案、分析和处理测试信号的能力，能初步应用于机械工程中某些参数的测试。

习　题

1-1　举例说明什么是测试。

1-2　什么是传感器，它在测试系统中起什么作用？

1-3　试说明一个测试系统的基本构成与系统各环节的基本功能。

1-4　列举测试在工程中的应用实例，说明测试在产品信息化和数字化中的作用与地位。

1-5　根据自己熟悉的某物理量测量过程，总结测量的具体实现过程与实施方法。

1-6　简要说明测试系统的发展趋势。

第 2 章 测试信号分析与处理

作为信息的载体，信号在现代社会中扮演着极其重要的角色。它是信息传递和交流的基础，涵盖了多种物理形式，其中，光信号、声信号和电信号等都是常见的信号类型。例如，车辆在道路上发生故障时，可在尾部放置发光指示牌来传递信息给其他车辆，从而引起注意并防止事故发生；战争时期发出空袭警报，声波作为声信号传递到人耳，指示人们进入防空洞避难；通过心电图显示人的心脏跳动，则是电信号的典型应用。电信号具有易产生、易控制和易处理等优点，因此在许多领域得到广泛应用。本课程讨论的信号主要指力、温度、振动等物理量通过传感器转换为电压或电流后的电信号，例如，图 2-1 为轴承振动信号示意图。通过记录这些信号随时间的变化历程，可以获得被测对象物理量的变化过程，并得到与被测对象有关的大量有用信息。在工业自动化、通信、医疗、环境监测等领域，信号的获取、传输、处理和应用都是不可或缺的技术。因此，对信号的研究和理解具有重要的实际意义，信号处理技术的不断发展将进一步推动信息社会的进步。

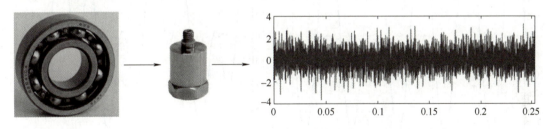

图 2-1　轴承振动信号

2.1　信号的分类

为了正确地处理信号，需要充分认识不同的被测物理量呈现出的特点，了解测量信号的种类和特性。信号可根据不同的分类规则分成不同类型。例如，信号按数学描述方式可分为确定性信号和非确定性信号（又称随机信号）；按取值特征可分为连续信号和离散信号；按能量和功率可分为能量信号和功率信号；按所具有的时间函数特性和频率函数特性可分为时限信号与频限信号；按分析域可分为时域信号与频域信号等。充分理解信号的类型和特性对于选择正确的信号处理方法至关重要。根据不同的应用场景，需要灵活应用不同的信号处理技术来提取有用的信息，以达成特定的目标。信号处理的成功与否直接关系到测量结果的准确性和有效性。因此，在信号处理之前，必须对信号特性进行深入研究和分析，以选择最合适的信号处理策略。

2.1.1 确定性信号与非确定性信号

能用明确的数学关系式表达的信号称为确定性信号。确定性信号根据它的波形随时间是否有规律地重复再现可分为周期信号和非周期信号。周期信号表现为在时间轴上以一定周期性重复的形式出现，而非周期信号则没有明显的时间重复性，其信号值随时间无规则变化。确定性信号的特性使得它们在信号处理、通信、控制系统等工程应用中发挥着重要作用。

1. 周期信号

周期信号包括简谐周期信号和复合周期信号。简谐周期信号简称简谐信号，是指按正弦或余弦规律随时间变化的信号。简谐信号的一般表达式为

$$x(t) = A\sin(\omega t + \psi) \tag{2-1}$$

式中，A 为简谐信号的幅值；ω 为简谐信号的角频率；ψ 为简谐信号的初相位。简谐信号的周期 T 与角频率 ω 的关系为 $T = 2\pi/\omega$；简谐信号的频率为周期的倒数，即 $f = 1/T$。周期信号的波形如图 2-2 所示。复合周期信号是指由若干频率之比为有理数的简谐信号组合而成的信号，如 $x(t) = \sin3t + \cos t$。

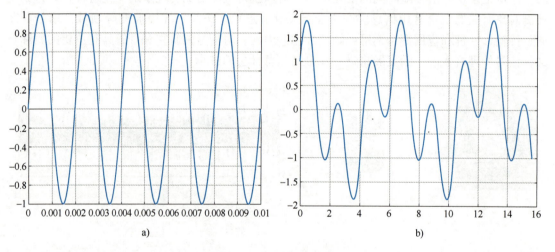

图 2-2 周期信号的波形

a) 简谐信号 b) 复合周期信号

2. 非周期信号

总的来说，非周期信号是一类在时间上没有明显重复模式、幅值变化不具备周期性的信号，它们的瞬变性使其在不同时间段内呈现出明显不同的特征。这种信号的分析对于理解和处理实际中的复杂动态过程具有重要的意义。非周期信号分为准周期信号和瞬态信号。当若干个周期信号叠加在一起时，如果它们周期的最小公倍数不存在，则合成信号不再是周期信号。然而，合成信号的频率描述仍具有周期信号离散频谱的特点，这种信号被称为准周期信号，如图 2-3a 所示。持续时间有限的信号称为瞬态信号，如图 2-3b 所示，这类信号在时间上只存在有限的持续时间，且通常具有明确的起始时间和结束时间。它们常出现在突发事件或瞬间变化的情况。实际应用中，需特别关注这些瞬态信号，因为它们可能包含着重要的信息或异常情况，例如故障检测、事件识别等。总的来说，非周期信号在各个领域中都具有重

要的应用价值，对于理解和处理复杂的动态现象和事件具有重要意义。对于这些信号的分析和处理，需应用适合的信号处理技术，以提取有用的信息或实现特定的目标。

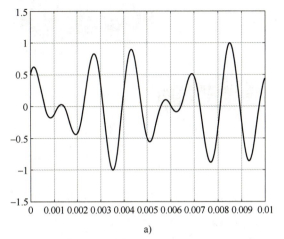 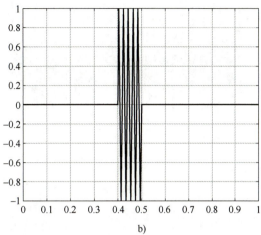

图 2-3　非周期信号的波形
a）准周期信号　b）瞬态信号

　　无法用明确的数学关系式描述的信号称为非确定性信号，又称为随机信号。随机信号只能用概率统计的方法，由过去估计未来或找出某些统计特征量。例如，汽车行驶时产生的振动，机床加工时产生的噪声、环境噪声等都属于非确定性信号。根据统计特性参数的特点，随机信号又可分为平稳随机信号和非平稳随机信号两类，如图 2-4 所示。其中，平稳随机信号又可进一步分为各态历经随机信号和非各态历经随机信号。平稳随机信号在一段时间内的统计特性保持不变，因此，在处理过程中更容易进行概率统计和频谱分析。而非平稳随机信号的统计特性会随时间变化，其分析和处理较为复杂。总之，非确定性信号是一类在幅值和相位上呈现随机性的信号，它们的随机特性使得使用传统的确定性数学方法难以完全描述，需要应用概率统计等方法来进行分析和处理。这类信号在实际应用中广泛存在，并且对于工程和科学研究都具有重要的意义。

　　需要指出的是，实际物理过程往往非常复杂，通常不具备完全的确定性，也不是完全的非确定性，而是这两种特性相互掺杂。现实世界中，许多物理现象和信号往往同时具有确定性和随机性。这使得我们在描述和理解这些现象时需考虑多种因素和可能性，而不能简单地将其归为确定性或非确定性。因此，在实际应用中，我们需采用更加综合和灵活的方法来分析和处理这些复杂的物理过程和信号。信号分类如图 2-5 所示。

2.1.2　能量信号与功率信号

　　介绍能量信号与功率信号前，首先要知道信号能量和功率的计算方法。对于信号 $f(t)$，其能量 E 为：

$$E = \lim_{T \to \infty} \int_{-T}^{T} |f(t)|^2 \mathrm{d}t \qquad (2-2)$$

功率 P 为：

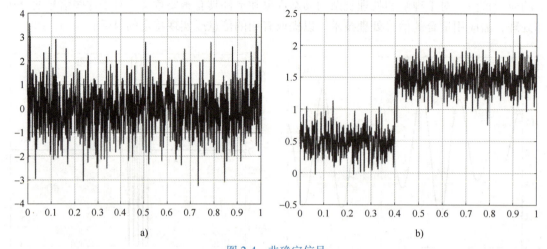

图 2-4　非确定信号

a）平稳随机信号　b）非平稳随机信号

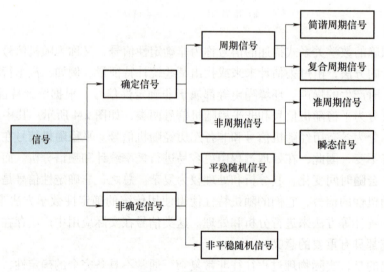

图 2-5　信号分类图

$$P = \lim_{T \to \infty} \frac{1}{2T} \int_{-T}^{T} |f(t)|^2 \mathrm{d}t \qquad (2\text{-}3)$$

根据信号能量和功率的计算公式可得到信号的能量和功率值，根据信号的能量和功率的关系，可把信号分为能量信号和功率信号。

1. 能量信号

当信号 $f(t)$ 在 $(-\infty, +\infty)$ 内满足

$$\int_{-\infty}^{+\infty} f^2(t)\,\mathrm{d}t < \infty \qquad (2\text{-}4)$$

时，该信号的能量是有限的，称为能量有限信号，简称能量信号。一般持续时间有限的瞬态信号都是能量信号。例如，图 2-6 所示的信号就是能量信号。

2. 功率信号

若信号 $f(t)$ 在（$-\infty$，$+\infty$）内满足

$$\int_{-\infty}^{+\infty} f^2(t)\,\mathrm{d}t \to \infty \qquad (2\text{-}5)$$

而其在（t_1，t_2）区间内的平均功率是有限的，即

$$\frac{1}{t_2 - t_1}\int_{t_1}^{t_2} f^2(t)\,\mathrm{d}t < \infty \qquad (2\text{-}6)$$

则信号为功率信号，一般持续时间无限的信号都属于功率信号。例如，图 2-7 所示的信号就是功率信号。

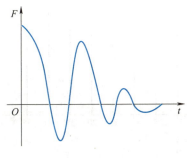

图 2-6　能量信号

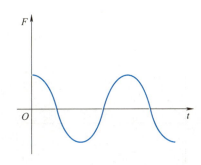

图 2-7　功率信号

2.1.3　时域有限信号与频域有限信号

自变量是时间，因变量是信号幅值对应的分析域为时间域，简称时域；自变量是频率，因变量为频率幅值对应的分析域为频率域，简称频域。信号可分为时域有限信号和频域有限信号。若信号在时间段（t_1，t_2）内有定义，在该时间段外恒等于零，则称为时域有限信号。例如，图 2-8a 所示的方波信号只在时域有限区间内存在非零值。若信号经过傅里叶变换处理后，在频率区间（f_1，f_2）内有定义，在其外恒等于零，这类信号称为频域有限信号。如图 2-8b 所示，正弦叠加信号的频谱只在频域有限区间内存在非零值。

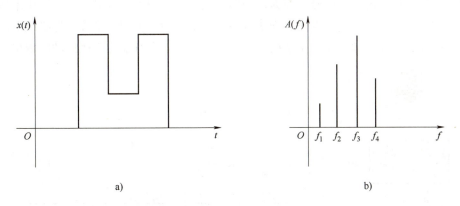

a)　　　　　　　　　　　　　　　　　　b)

图 2-8　时域有限信号与频域有限信号

a）时域有限信号波形　b）频域有限信号波形

2.1.4　连续信号与离散信号

根据信号幅值随时间变化的连续性，可把信号分为连续信号和离散信号。若信号的独立变量取值连续，则为连续信号，如图 2-9a 所示。若信号的独立变量取值离散，则是离散信号，如图 2-9b 所示，其中图 2-9b 是对图 2-9a 的独立变量 t 每隔 5s 读取速度值所获得的离散信号。另外，信号幅值也可分为连续和离散两种。若信号的幅值和独立变量均连续，则称为模拟信号；若信号幅值和独立变量均离散，则称为数字信号，数字计算机使用的信号都是数字信号。

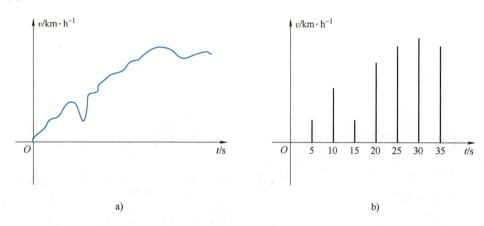

a)   b)

图 2-9　某跑车速度变化图
a）连续测试的速度信号　b）相隔 5s 采集的速度信号

2.1.5　物理可实现信号与物理不可实现信号

根据信号在物理上能否实现，信号可分为物理可实现信号和物理不可实现信号。物理可实现信号又称为单边信号，满足条件 $t<0$ 时，$x(t)=0$，即在时刻小于零的一侧全为零，信号完全由时刻大于零的一侧确定，如图 2-10 所示。物理不可实现信号是指在事件发生前（$t<0$）就已经预知的这一类信号，即为双边信号，具体如图 2-11 所示。工程实际中出现的信号，多数是物理可实现信号，因为这种信号反映了物理上的因果规律。如用木槌敲击桌子上面的物块，可以把桌面、木槌、物块构成的系统作为一个物理系统，把物块上的硬质点作为振源脉冲，仅在该脉冲作用于系统后，振动传感器才会有描述木槌振动的输出。

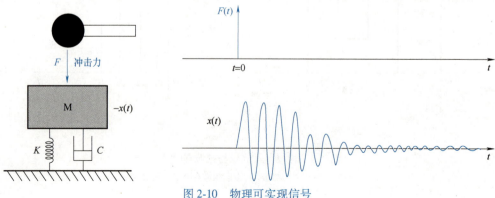

图 2-10　物理可实现信号

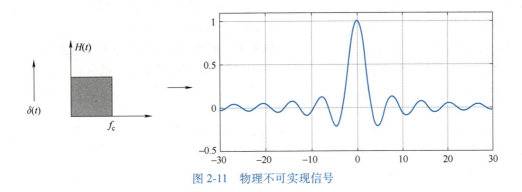

图 2-11　物理不可实现信号

2.2　采样定理

美国电信工程师 H. Nyquist（奈奎斯特）于 1928 年首次提出了采样定理。该定理在 1948 年由信息论创始人 C. E. Shannon（香农）进行了详细说明，并正式成为定理。因此，采样定理又称为取样定理、抽样定理、奈奎斯特定理或奈奎斯特-香农采样定理。采样定理有多种不同的表述方式，其中包括时域采样定理和频域采样定理。采样定理在多个领域得到了广泛应用，包括数字式遥测系统、时分制遥测系统、信息处理、数字通信和采样控制理论等。

在数字信号处理领域，采样定理扮演着连接连续时间信号（通常称为"模拟信号"，Analog Signal）和离散时间信号（通常称为"数字信号"，Digital signal）之间的关键角色。该定理阐述了采样频率与信号频谱之间的紧密联系，为连续信号向离散状态的转化提供了基本依据。它为确保足够的采样率建立了一个条件，这个采样率使得离散采样序列能够从有限带宽的连续时间信号中捕捉到所有的信息。

2.2.1　A/D 转换

数字信号处理前，首先需要将模拟信号转变为计算机可以接受的数字信号。这一转变是通过对模拟信号的采样来完成的，而信号采样是由模-数转换电路（A/D）来实施。把连续时间信号转换为离散数字信号的过程称为模-数（A/D）转换过程，反之则称为数-模（D/A）转换过程。A/D 转换过程包括采样、量化、编码，其工作原理如图 2-12 所示。

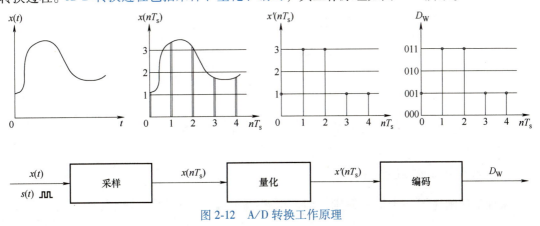

图 2-12　A/D 转换工作原理

（1）采样 采样是指以一定的时间间隔从模拟时间信号中抽取样本值，获得离散时间序列的过程。实际上是把模拟量转换为一个脉冲串，脉冲幅度取决于输入模拟量，时间上通常采用等时间间隔采样（采样周期为 T_s）。采样之后获得时间离散的、幅值连续的采样信号

$x(nT_s)$，这里，$n=0, 1, \cdots$；T_s 为采样周期，而 $1/T_s=f_s$ 被定义为采样频率。采样信号输出给后续的量化过程，但由于量化过程需要一定的时间，因此，需要将采样得到的值保持下来，直到下一次采样时间，还需要实现采样保持。采样保持的存在，使得实际采样后的信号呈现阶梯状连续函数特征。由此可见，实际上采样之后的信号是如图 2-13 所示的阶梯形，保持下来的采样电压输出给后续的量化过程。

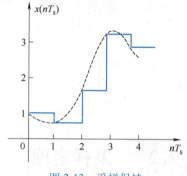

图 2-13 采样保持

（2）量化 采样保持器输出的采样电压要经量化过程才能最终变成数字信号。采样点的幅值为一组有限个离散电压值，取其中之一来近似取代信号的实际电压，转变为由有限数量有效数字所表示的数值，这个步骤称为量化。例如，可量化的电压值为1V、2V、3V，第 0 时刻的实际采样值为1.14V，则量化后的电压值为1V。

（3）编码 编码是把已量化的模拟数值用二进制数码、BCD 码或其他码来表示，例如对图 2-12 中的量化结果采用 3 位二进制表示编码，各采样点的二进制数码如图 2-12 所示。

2.2.2 采样误差

模拟信号经过采样之后，会转变为由有限个数据点构成的离散信号。这些数据点之间的插值常采用直线近似方法，从而产生采样误差。需要注意的是，采样频率的增加会导致误差减小。

2.2.3 Nyquist-Shannon 采样定理

为确保离散化的数字信号在采样过程中能够保留原始模拟信号的主要信息，采样频率 f_s 必须至少是原始信号中最高频率分量 f_{max} 的两倍，即 $f_s \geqslant 2f_{max}$。如图 2-14 所示，实际工程应用中，采样频率通常会设定为信号中最高频率分量的 3~5 倍。

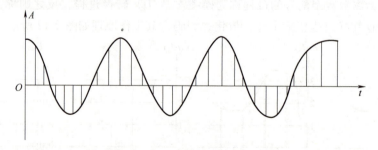

图 2-14 实际工程应用的采样示意

2.2.4 采样中的频混现象

采样定理阐述了一个重要原则，即对时域模拟信号采样时，必须选择适当的采样周

期（或称采样时间间隔），以确保不会丢失原始信号的信息。换言之，采样信号的选择应使原始信号可以在无失真的情况下被完整地恢复出来。

频混现象又称为频谱混叠效应，它是由于采样导致信号频谱发生变化，而出现高频、低频成分发生混叠的一种现象，即当采样频率不满足采样定理时，信号中的高频分量会被错误地采样为低频分量。若采样间隔太小（采样频率过高），则对定长的时间记录来说，其数字序列就很长，计算工作量迅速增大。如果数字序列长度一定，则只能处理较短时间历程的信号。若采样间隔太大（采样频率过低），则可能会丢失信号的有用信息。例如，两个不同频率的正弦信号，$x_1(t) = \sin(2\pi t + \pi/2)$，$x_2(t) = \sin(4\pi t + \pi/2)$，采用频率为 $f_s = 4\text{Hz}$ 的脉冲序列采样，所得的采样点如图 2-15 所示。可见，按此采样频率，两个信号的数字信号相同，并不能真实反映信号的信息，无法识别两者的差别，将其中的高频信号误认为某种相应的低频信号，即出现了所谓的频谱混叠。

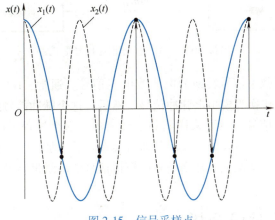

图 2-15　信号采样点

2.2.5　量化误差

A/D 转换时，任何一个被采样的模拟量只能表示成某个规定最小数量单位的整数倍，所取的最小数量单位称为量化单位，用 Δ 表示。若数字信号最低有效位用 LSB 表示，1LSB 所代表的数量大小就等于 Δ，即模拟量量化后的一个最小分度值。既然模拟电压是连续的，那么它就不一定是 Δ 的整数倍，在数值上只能取接近的整数倍，因而量化过程不可避免地会引入误差，这种误差称为量化误差。很显然，量化级数越多，即量化单位越小，量化的相对误差就越小。量化误差必然会给原信号的频谱造成误差。要减小量化误差，可选用位数较高的 A/D 转换器来解决。

2.2.6　D/A 转换

传统信号属于模拟信号范畴。然而，计算机和光盘等储存设备中所记录的信号（例如声音）则以数字信号的形式存在。光盘录制过程就是将模拟信号转化为数字信号，播放光盘时，这些数字信号需要被还原为模拟信号，以便通过音响播放。这个转化过程依赖于数模转换器（D/A 转换器），它在数码音响产品中扮演着重要角色，将数字音频信号转变为模拟信号，从而使得声音可通过扬声器播放出来。

D/A 转换器是把一个二进制数码信号转换成模拟量。转换过程分解码和低通滤波两个步骤。转换过程和信号形式如图 2-16 所示。解码是将二进制数码信号转换成具有相应电压值的脉冲，经保持后成为阶梯形的时域连续的、幅值离散的信号。低通滤波去除阶梯信号中的高频成分，还原出平滑的模拟信号。有关解码器电路请参考相关书籍。

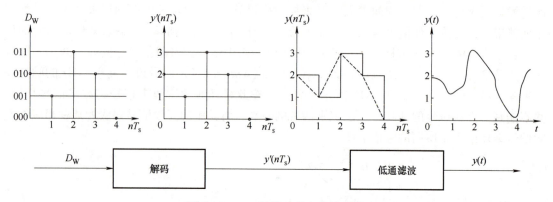

图 2-16　D/A 转换过程和信号形式

D/A 转换器能够将数字信号转换为电压或电流信号。通常，D/A 转换器首先使用 T 型电阻网络，将数字信号转换为模拟电脉冲信号。然后，这个脉冲信号经过零阶保持电路，被转化为连续的阶梯状电信号。只要采样间隔足够密集，这个过程可以精确地还原出原始信号。为了减小零阶保持电路引入的电噪声，通常会在其后添加一个模拟低通滤波器，以确保输出信号的质量，这种设计保证了数字信号向模拟信号的高质量转换。

2.3　信号的时域分析

测试信号通常是一个随时间变化的量，即其为时间 t 的函数 $x(t)$。以时间为横轴，信号幅值为纵轴绘制出的信号曲线，称为信号的波形。信号分析中，最直接的方法是对信号的波形进行分析，称为波形分析。由于这种分析是在时间域内进行的，又称为时域分析。时域分析是基于对信号幅值随时间变化的观察，通过数理统计的手段，对测量到的信号时域波形进行统计分析，获取一系列关键统计特性。时域涵盖了信号随时间变化的整体描述，分析时域信号通常需应用特征值进行。这些特征值可分为有量纲和无量纲两类。有量纲的特征值包括均值、方差、均方值等。无量纲的特征值则包括峰值因子、脉冲因子、裕度因子、峭度因子、波形因子和偏度等，用于更深入地理解信号的非线性特征和形态。通过对信号的统计分析，可以在数学上对信号的性质有更深刻地认识，这为信号处理、特征提取和模式识别等应用提供了基础。

2.3.1　有量纲的特征值

（1）均值　对于一个样本信号 $x(t)$，其均值 μ_x 定义为

$$\mu_x \doteq \lim_{T \to \infty} \frac{1}{T} \int_0^T x(t)\,\mathrm{d}t \qquad (2\text{-}7)$$

式中，T 为样本观测时间；μ_x 表示信号的常值分量。

（2）方差　信号 $x(t)$ 的方差 σ_x^2 定义为

$$\sigma_x^2 = \lim_{T \to \infty} \frac{1}{T} \int_0^T [x(t) - \mu_x]^2 dt \tag{2-8}$$

方差 σ_x^2 表示随机信号的波动分量，它描述了信号 $x(t)$ 偏离均值 μ_x 的程度。方差的平方根 σ_x 称为标准偏差。

（3）均方值　均方值 ψ_x^2 描述了信号的强度，它是 $x(t)$ 平方的均值，即

$$\psi_x^2 = \lim_{T \to \infty} \frac{1}{T} \int_0^T x^2(t) dt \tag{2-9}$$

均方值 ψ_x^2 的正平方根称为均方根值 x_{rms}，常称为有效值，表达式为

$$x_{\text{rms}} = \sqrt{\lim_{T \to \infty} \frac{1}{T} \int_0^T x^2(t) dt} \tag{2-10}$$

均值、方差和均方值的相互关系是

$$\psi_x^2 = \sigma_x^2 + \mu_x^2 \tag{2-11}$$

σ_x^2 描述了信号的波动大小，对应电信号中交流成分的功率；μ_x^2 描述了信号的常值分量，对应电信号中直流成分的功率。

实际工程中，常以有限长度的样本记录来替代无限长的样本函数。用有限长度的样本函数计算出来的特征参数均为理论参数的估计值，因此，随机过程的均值、方差和均方值的估计公式为

$$\hat{\mu}_x = \frac{1}{T} \int_0^T x(t) dt$$

$$\hat{\sigma}_x^2 = \frac{1}{T} \int_0^T [x(t) - \hat{\mu}_x]^2 dt$$

$$\hat{\psi}_x^2 = \frac{1}{T} \int_0^T x^2(t) dt \tag{2-12}$$

对于周期信号，其各种平均值（如均值、方差、均方值等）只需取一个周期来研究，即可以用一个周期 T 内的平均值代替整个时间历程的平均值，其相应的均值、方差、均方值和有效值的表达式分别为

$$\mu_x = \frac{1}{T} \int_0^T x(t) dt$$

$$\sigma_x^2 = \frac{1}{T} \int_0^T [x(t) - \mu_x]^2 dt$$

$$\psi_x^2 = \frac{1}{T} \int_0^T x^2(t) dt$$

$$x_{\text{rms}} = \sqrt{\frac{1}{T} \int_0^T x^2(t) dt} \tag{2-13}$$

2.3.2　无量纲的特征值

（1）峰值因子　峰值因子是衡量信号波动幅度大小和激励是否均匀平稳的标准，信号

的有效值 E_{eff} 可以表示为：

$$E_{\text{eff}} = \sqrt{\sum_{k=1}^{N} \frac{A_k^2}{2}} \qquad (2\text{-}14)$$

式中，N 为信号所包含的谐波数；A_k 为第 k 次谐波的峰值。信号的峰值因子定义为：

$$CF = \frac{M^+ - M^-}{2E_{\text{eff}}} \qquad (2\text{-}15)$$

式中，M^+ 和 M^- 为信号幅值的最大值和最小值。

（2）脉冲因子　脉冲因子 I 是信号峰值与绝对值的平均值（整流平均值）间的比值，其表达式为：

$$I = \frac{A_k}{x_{\text{arv}}} \qquad (2\text{-}16)$$

式中，x_{arv} 为整流平均值。脉冲因子和峰值因子之间的差异在于分母部分，因为整流平均值一般小于有效值，所以脉冲因子大于峰值因子。

（3）裕度因子　裕度因子 C_{e} 是信号峰值与方根幅值之间的比值，其表达式为：

$$C_{\text{e}} = \frac{A_k}{x_{\text{r}}} \qquad (2\text{-}17)$$

式中，x_{r} 为方根幅值，$x_{\text{r}} = \dfrac{1}{n} \sum_{i=1}^{n} \sqrt{|x_i|}$ 。与峰值因子类似，方根幅值与均方根值（有效值）是对应的。

（4）峭度因子　峭度因子衡量波形的陡峭程度，用于描述变量的分布，其表达式为（信号的四阶矩-信号的二阶矩的平方）/信号二阶矩的平方。正态分布的峭度值为3，峭度小于3时分布曲线相对平坦，而大于3时分布曲线较为陡峭。

（5）偏度　偏度（也称为偏斜度或偏态）和峭度存在一定的关联性。峭度是四阶中心矩与标准差的四次方之比，而偏度是三阶中心矩与标准差的三次方之比。偏度用于度量随机概率分布的不对称性。

（6）波形因子　波形因子是有效值与绝对值的平均值（整流平均值）之间的比值。在电子领域，它表示直流电流与等效功率的交流电流之比，其值一般大于等于1。波形因子实际上等于脉冲因子除以峰值因子。

总体来说，峰值因子、脉冲因子和裕度因子在物理意义上相似，峰值因子和脉冲因子用于检测信号中是否存在冲击，而裕度因子常用于监测机械设备的磨损情况，峭度因子同样反映振动信号中的冲击特性。

2.4　信号的频域分析

时域描述简单直观，但只能反映信号幅值随时间变化的特性，不能明确揭示信号的频率组成成分。因此，为了研究信号的频率构成和各频率成分的幅值大小、相位关系，则需要把时域信号转换成频域信号，即把时域信号通过数学处理变成以频率（或角频率）为独变量，相应的幅值或相位为因变量的函数表达式或图形，这种描述信号的方法称为信号的频域描述。图 2-17 所示为周期方波的时域波形和频域描述。频域描述时往往采用频谱图，频谱图显示直观，每条谱线的高度反映了该信号中所对应频率分量（包括幅值和相位）的数值大小，借此可以准确了解信号中频率成分的组成，了解哪些频率成分占比大，起主导作用，哪些频率成分占比小，作用微弱等，为测试仪器或系统的选择以及信号特征的识别打下基础，这在工程信号的分析中应用相当广泛。

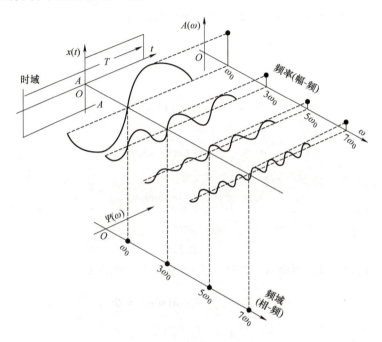

图 2-17　周期方波的时域波形和频域描述

频域分析方法包括频谱分析、能量谱分析、功率谱分析、倒频谱分析等。一般来说，频谱分析是通过对信号进行傅里叶变换来进行分析的方法，它涵盖了幅频谱和相频谱，最常使用的是幅频谱。能量谱又称为能量谱密度，是原始信号傅里叶变换的平方，能量谱密度描述了信号的能量如何随频率变化。功率谱是功率谱密度函数的简称，它定义为单位频带内的信号功率。倒频谱又称倒谱、二次谱和对数功率谱等。工程上的倒频谱定义是信号功率谱取对数后进行傅里叶逆变换的结果。这种分析方法有助于提取、分析原频谱图中难以肉眼识别的周期性信号，可以将原有频谱图中的多条边频带谱线简化为单一谱线，且不容易受传感器测点位置和信号传输路径的影响。

需要注意的是，信号的时域描述和频域描述仅仅是信号描述的不同形式，同一信号无论采用哪种描述方法，含有的信息内容都是相同的，而且信号描述可以在不同的分析域之间相互转换，如傅里叶变换可以使信号描述从时域变换到频域，而傅里叶逆变换则可使信号描述从频域变换到时域。

2.4.1　傅里叶级数

信号的频域模型可通过时域模型变换得到，其变换的数学工具是傅里叶积分，又称为傅里叶变换或傅氏变换。当信号 $x(t)$ 为周期信号，其傅氏变换是离散的，即傅里叶级数，是一个和式。$x(t)$ 为非周期信号时，其傅里叶变换是连续的，是一个积分式，即傅里叶积分。

1. 傅里叶级数的三角函数展开式

任何周期信号（函数）满足狄利赫里条件时，都可以展开为傅里叶级数。傅里叶级数有三角函数和复指数形式两种形式。

周期信号 $x(t) = x(t+nT)$ 傅里叶级数的三角函数展开式为：

$$x(t) = a_0 + \sum_{n=1}^{\infty} (a_n \cos n\omega_0 t + b_n \sin n\omega_0 t) \qquad (2\text{-}18)$$

式中

$$a_0 = \frac{1}{T} \int_{-\frac{T}{2}}^{\frac{T}{2}} x(t)\,\mathrm{d}t$$

$$a_n = \frac{2}{T} \int_{-\frac{T}{2}}^{\frac{T}{2}} x(t) \cos n\omega_0 t \mathrm{d}t$$

$$b_n = \frac{2}{T} \int_{-\frac{T}{2}}^{\frac{T}{2}} x(t) \sin n\omega_0 t \mathrm{d}t$$

$$\omega_0 = 2\pi / T$$

$$n = 1, 2, 3, \cdots \qquad (2\text{-}19)$$

利用三角函数和差公式可将式（2-18）合成为另外一种形式：

$$x(t) = a_0 + \sum_{n=1}^{\infty} A_n \sin(n\omega_0 t + \Phi_n)$$

$$A_n = \sqrt{a_n^2 + b_n^2}$$

$$\Phi_n = \arctan \frac{a_n}{b_n} \qquad (2\text{-}20)$$

傅里叶三角级数虽仍为一个时域模型，但从中将各次谐波的幅值 A_n 和相应的谐波频率 ω 提取出来，就可以获得频域模型。而各次谐波的初相位 Φ_n，也是其相应次谐波频率 ω 的函数 $\Phi_n = F(\omega)$。$A_n = f(\omega)$、$\Phi_n = F(\omega)$ 分别称为幅频函数和相频函数，它们都是离散的。

傅里叶三角级数中提取的频谱图将周期性信号的分析域从时域变换到频域，其物理意义明确，即

1）周期函数（信号）由若干个不同频率的谐波分量组成，谐波分量的频率为基频的整数倍，即 $n\omega_0$，称为 n 次谐波。

2）各次谐波的幅值 A_n 和初始相位 Φ_n 都不同，频率 ω 构成了周期函数的频域模型——幅频谱和相频谱，反映各谐波分量在信号中占的比重。

3）周期信号的频谱是离散的。

4）各谐波分量的幅值 A_n 随谐波次数的增加而减少，即谐波次数越高，其幅值越小。

2. 傅里叶级数的复指数函数展开式

复指数 e^s（$s = a + \mathrm{j}\omega$，$\mathrm{j} = \sqrt{-1}$）有许多特殊的性质，即

1）数学上，复指数的导数和积分和它自身成比例即

$$\frac{d}{dt}e^{st} = se^{st}$$

$$\int e^{st}dt = \frac{1}{s}e^{st} \tag{2-21}$$

2）几何意义明了。由欧拉公式 $e^{\pm j\theta}=\cos\theta\pm j\sin\theta$ 可见，$e^{j\theta}$ 代表复平面上的一个单位向量，模为 $|e^{j\theta}|=\sqrt{\cos^2\theta+\sin^2\theta}=1$，它与实轴的夹角是 θ。$e^{j\omega t}=\cos\omega t+j\sin\omega t$ 也是一个单位向量，并以角速度 ω 围绕坐标原点逆时针旋转，称为单位旋转向量。$e^{-j\omega t}$ 则为顺时针旋转的单位向量。$\cos\omega t$ 和 $\sin\omega t$ 分别为该旋转向量在实轴和虚轴上的投影。

如将周期函数展开成复指数形式，工程上有很大的便利性。傅里叶级数的三角函数展开式可通过欧拉公式转换成复指数形式。

由 $e^{\pm j\omega t}=\cos\omega t\pm j\sin\omega t$ 可得：

$$\cos\omega t=\frac{1}{2}(e^{-j\omega x}+e^{j\omega x}) \tag{2-22}$$

$$\sin\omega t=j\frac{1}{2}(e^{-j\omega x}-e^{j\omega x}) \tag{2-23}$$

将式（2-22）、式（2-23）代入式（2-18）中可得：

$$x(t)=a_0+\sum_{n=1}^{\infty}\left[\frac{1}{2}(a_n+jb_n)e^{-jn\omega_0 t}+\frac{1}{2}(a_n-jb_n)e^{jn\omega_0 t}\right] \tag{2-24}$$

令

$$\left.\begin{array}{c}C_n=\frac{1}{2}(a_n-jb_n)\\C_{-n}=\frac{1}{2}(a_n+jb_n)\\C_0=a_0\end{array}\right\} \tag{2-25}$$

则：

$$x(t)=C_0+\sum_{n=1}^{\infty}C_{-n}e^{-jn\omega_0 t}+\sum_{n=1}^{\infty}C_n e^{jn\omega_0 t}=\sum_{n=-\infty}^{\infty}C_n e^{jn\omega_0 t} \tag{2-26}$$

$$(n=0,\ \pm1,\ \pm2,\ \pm3,\cdots,\ \pm\infty)$$

C_n 是傅里叶级数的复系数，将式（2-19）代入式（2-25）可得：

$$C_n=\frac{1}{T}\int_{-\frac{T}{2}}^{\frac{T}{2}}x(t)e^{-jn\omega_0 t}dt \tag{2-27}$$

C_n 可分解成实部和虚部之和，即 $C_n=C_{nR}+jC_{nI}=|C_n|e^{j\Phi_n}$，式（2-26）可写成：

$$x(t)=\sum_{n=-\infty}^{\infty}|C_n|e^{j(n\omega_0-\Phi_n)} \tag{2-28}$$

$|C_n|e^{j(n\omega_0-\Phi_n)}$ 表示模为 $|C_n|$、复角为 Φ_n 的旋转向量以角速度 $n\omega_0$ 在复平面上绕原点旋转。C_n 代表 C_{-n} 和 C_n，C_n 为逆时针旋转的向量的复系数，C_{-n} 为顺时针旋转的向量的复系数。

从式（2-25）可以看出，C_{-n} 和 C_n 为共轭复数，$|C_n|=|C_{-n}|=\frac{1}{2}\sqrt{a_n^2+b_n^2}=\frac{A_n}{2}$，$\Phi_n=\Phi_{-n}$。从前面的关系可知：傅里叶三角函数各谐波分量的幅值在复指数函数中被分解成两个模相等、旋转方向相反的向量，图 2-18 表达了它们的几何关系。

复指数级数组成项的 C_n、Φ_n、C_{nR}、C_{n1} 都是圆频率 $\omega=n\omega_0$ 函数，因此可画成 $|C_n|$-ω 幅频谱图、Φ_n-ω 相频谱图、C_{nR}-ω 实频谱图和 C_{n1}-ω 虚频谱图。

几点结论：①三角级数的频谱图仅有 $\omega>0$ 时的图形，称为单边谱。复指数级数的频谱图中，ω 为 $-\infty\rightarrow+\infty$，称为双边谱。②复指数级数幅频谱的谱线高度是三角函数级数的 $1/2$，即 $|C_n|=A_n/2$。③由于 C_n 是复数，它的实部和虚部分别构成实频谱和虚频谱。一般实频谱是偶函数，虚频谱是奇数。④复指数展开式的幅频谱为偶函数而相频谱为奇函数。⑤周期性函数如果是偶函数，虚频谱谱线为零；如果是奇函数，实频谱谱线为零。

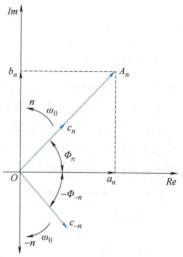

图 2-18　傅里叶级数的几何关系

2.4.2　傅里叶变换

瞬变非周期信号在整个时间轴上仅出现一段波形，但是可以把它们看作是时间轴的无穷远处再现该段波形，即将瞬变非周期信号看作是周期 $T\rightarrow\infty$ 的周期信号。在周期信号中，频谱谱线间隔频率最小为：

$$\Delta\omega=\omega_0=2\pi/T \tag{2-29}$$

$T\rightarrow\infty$ 时，$\Delta\omega=\omega_0\rightarrow d\omega\rightarrow0$，即谱线间隔趋于零。这表示瞬变非周期信号的频谱线是连续的。如果把式（2-27）代入式（2-26）即得：

$$x(t)=\sum_{n=-\infty}^{\infty}\mathrm{e}^{\mathrm{j}n\omega_0 t}\frac{1}{T}\int_{-\frac{T}{2}}^{\frac{T}{2}}x(t)\mathrm{e}^{-\mathrm{j}n\omega_0 t}\mathrm{d}t x(t)=\sum_{n=-\infty}^{\infty}\mathrm{e}^{\mathrm{j}n\omega_0 t}\frac{1}{T}\int_{-\frac{T}{2}}^{\frac{T}{2}}x(t)\mathrm{e}^{-\mathrm{j}n\omega_0 t}\mathrm{d}t \tag{2-30}$$

$T\rightarrow\infty$ 时，$\Delta\omega=\omega_0\rightarrow d\omega$，$\dfrac{1}{T}=\dfrac{\omega_0}{2\pi}\rightarrow\dfrac{d\omega}{2\pi}$，$n\omega_0$ 由离散变量趋于连续变量 ω，上式中的和式转化为积分式，积分区间为 $-\infty$ 到 ∞。可得：

$$x(t)=\int_{-\infty}^{\infty}\mathrm{e}^{\mathrm{j}\omega t}\frac{d\omega}{2\pi}\int_{-\infty}^{\infty}x(t)\mathrm{e}^{-\mathrm{j}\omega t}\mathrm{d}t=\int_{-\infty}^{\infty}\frac{1}{2\pi}\left[\int_{-\infty}^{\infty}x(t)\mathrm{e}^{-\mathrm{j}\omega t}\mathrm{d}t\right]\mathrm{e}^{\mathrm{j}\omega t}\mathrm{d}\omega \tag{2-31}$$

显然方括号中的积分式是 ω 的函数，令其为 $X(\omega)$。和式（2-26）相比，$X(\omega)\cdot\dfrac{d\omega}{2\pi}$ 是各频率分量的幅值，和 C_n 具有同样的物理意义。将式（2-31）重写可获得：

$$X(\omega)=\int_{-\infty}^{\infty}x(t)\mathrm{e}^{-\mathrm{j}\omega t}\mathrm{d}t \tag{2-32}$$

$$x(t)=\frac{1}{2\pi}\int_{-\infty}^{\infty}X(\omega)\mathrm{e}^{\mathrm{j}\omega t}\mathrm{d}\omega \tag{2-33}$$

定义 $X(\omega)$ 为 $x(t)$ 的傅里叶变换（Fourior transfer，FT），而 $x(t)$ 为 $X(\omega)$ 的傅里叶反变换（简称 IFT），它们构成了傅里叶变换对，记作：

$$x(t)\underset{\mathrm{IFT}}{\overset{\mathrm{FT}}{\rightleftharpoons}}X(\omega)$$

$X(\omega)$ 是一个以频率 ω 为独立变量的复函数，可写成：

$$X(\omega)=\left|X(\omega)\right|\mathrm{e}^{\mathrm{j}\Phi(\omega)}=X_R(\omega)+\mathrm{j}X_I(\omega) \tag{2-34}$$

式中，$|X(\omega)|$ 称作幅频谱；$\Phi(\omega)$ 为相频谱。

如果将式（2-32）和式（2-33）中的 ω 换成 f，傅里叶变换对就变成以下形式：

$$X(f) = \int_{-\infty}^{\infty} x(t) e^{-j2\pi ft} dt \tag{2-35}$$

$$x(t) = \int_{-\infty}^{\infty} X(f) e^{j2\pi ft} df \tag{2-36}$$

式（2-36）去掉了常数因子 $1/2\pi$，物理意义和 $X(\omega)$ 完全相同。瞬变非周期信号的频谱 $X(\omega)$、$X(f)$ 与周期信号中的频谱 C_n 名称相同，但值得注意的是：

1）$X(\omega)$、$X(f)$ 是连续的，C_n、φ_n 是离散的。

2）从式（2-26）可以看出，和 C_n 具有相同量纲的是 $X(\omega)d\omega$，而 $X(\omega)$ 相当于 $\dfrac{X(\omega)d\omega}{d\omega}$，表示单位频率的频谱。因此严格地讲，$X(\omega)$ 是频谱密度函数。习惯上，仍称 $X(\omega)$、$X(f)$ 为频谱函数，简称频谱。

傅里叶变换对提供了非周期信号的时域模型和频域模型之间的转换工具。

傅里叶变换将信号的时域模型变换为频域模型，两个模型之间必存在一定的关系，可用傅里叶变换的特性来说明。

2.4.3　傅里叶变换主要特性

1. 线性特性

如果信号 $x_1(t)$ 的傅里叶变换为 $X_1(j\omega)$，$X_1(\omega)$ 和 $X_1(j\omega)$ 等效，$x_2(t)$ 的傅里叶变换为 $X_2(j\omega)$，记作 $x_1(t) \Leftrightarrow X_1(j\omega)$，$x_2(t) \Leftrightarrow X_2(j\omega)$。

对于任何常数 a_1、a_2 有：

$$a_1 x_1(t) + a_2 x_2(t) \Leftrightarrow a_1 X_1(j\omega) + a_2 X_2(j\omega) \tag{2-37}$$

即时域函数和的傅里叶变换等于单个时域函数的傅里叶变换之和，并且变换前后的比例常数不变。

2. 时间尺度特性

如果 $x(t) \Leftrightarrow X(j\omega)$，则对于实常数 $a(a>0)$ 有：

$$x(at) \Leftrightarrow \frac{1}{a} X\left(\frac{j\omega}{a}\right) \tag{2-38}$$

函数 $x(at)$ 是 $x(t)$ 在时间轴上压缩到原来 $1/a$ 的结果，$X(j\omega/a)$ 则是 $X(j\omega)$ 在频率轴上扩展 a 倍的结果。此特性表明，当 $a>1$，时间尺度被压缩，该信号频谱的频带宽度增加，幅值降低。当 $a<1$，时间尺度被扩展，其频谱的频带宽度变窄，幅值增高，如图 2-19 所示。

该性质可用于信号记录仪。如磁带记录仪对被测信号 $x(t)$ 以一定的速度进行记录，但以不同的速度回放，回放出的信号就是改变了时间尺度的信号。以较快的速度回放就得到了 $x(at)(a>1)$，时间尺度被压缩。以较慢的速度回放就得到了时间尺度扩展的信号 $x(at)(a<1)$。信号频带宽度发生变化，对后续处理电路频率特性的要求也要改变。

该性质是双向的，从式（2-38）可知，频率尺度压缩（或宽展）a 倍时，会导致时域信号的时间尺度扩展（或压缩）a 倍，且幅值也会减小（或增大）a 倍。

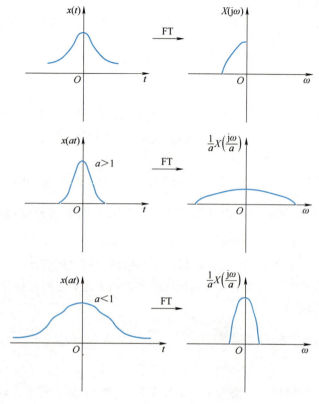

图 2-19　时间尺度改变

3. 时移和频移特性

如果 $x(t) \Leftrightarrow X(j\omega)$，当时域信号 $x(t)$ 沿时间轴前移 t_0，即变为 $x(t-t_0)$ 时，其频谱的幅值不变，而相位也前移 ωt_0，即：

$$x(t-t_0) \Leftrightarrow X(j\omega)\mathrm{e}^{-j\omega t_0} \tag{2-39}$$

反之，当频谱沿频率坐标平移 ω_0，有：

$$x(t)\mathrm{e}^{\pm j\omega_0 t} \Leftrightarrow X[j(\omega \mp \omega_0)] \tag{2-40}$$

4. 卷积特性

两个时域函数 $x_1(t)$、$x_2(t)$ 的卷积定义为：

$$\int_{-\infty}^{\infty} x_1(t)x_2(t-\tau)\mathrm{d}\tau \tag{2-41}$$

记作 $x_1(t) * x_2(t)$。卷积积分在信号分析中的物理意义明确并和相关函数存在一定的联系。若 $x_1(t) \Leftrightarrow X_1(j\omega)$，$x_2(t) \Leftrightarrow X_2(j\omega)$，则

$$x_1(t) * x_2(t) \Leftrightarrow X_1(j\omega)X_2(j\omega) \tag{2-42}$$

$$x_1(t)x_2(t) \Leftrightarrow X_1(j\omega) * X_2(j\omega) \tag{2-43}$$

此特性说明两个时域函数卷积的频谱为各自频谱的乘积，两个时域函数乘积的频谱为各自频谱的卷积。在很多情况下，卷积积分用直接积分的方法去求是困难的，根据卷积特性可将卷积计算变换成乘积计算，使信号分析工作简化。因此卷积特性在信号分析中有重要意义。

5. 微分、积分特性

若 $x(t) \Leftrightarrow X(j\omega)$，将式（2-36）对 t 进行求导，得

$$\frac{dx(t)}{dt} = j\omega \frac{1}{2\pi} \int_{-\infty}^{\infty} X(\omega) e^{j\omega t} d\omega = j\omega x(t) \tag{2-44}$$

则 $dx(t)/dt$ 的傅氏变换为

$$j\omega x(t) \xrightarrow{\text{FT}} j\omega X(j\omega) \tag{2-45}$$

同理得

$$\frac{d^n x(t)}{dt} \xrightarrow{\text{FT}} (j\omega) X(j\omega) \tag{2-46}$$

微分特性将时域信号的导数运算变换为频域中的乘法运算，时域算子 d/dt 变换为频域的因子 $j\omega$。求系统频率特性函数就是利用该特性，将系统微分方程变换为以 $j\omega$ 为独立变量的频率方程。

同样可证积分特性为

$$\int_{-\infty}^{\infty} x(t) dt \Leftrightarrow \frac{1}{j\omega} X(j\omega) \tag{2-47}$$

利用这一特性，当已知位移、速度和加速度信号中的任一信号频谱，可方便求得另两个信号的频谱。

2.5　信号的相关分析

2.5.1　相关分析及物理意义

相关分析是研究两个信号相似性的方法，相关分析研究的对象是随机信号。两信号的相似程度称为相关性，可以用相关函数或相关系数定量描述。假设存在两个随机信号 $x(t)$ 和 $y(t)$，记录时间为 T。研究它们的相似程度从而导出相关函数的概念。首先在记录时间 T 内把两信号的波形等间隔各取 n 个离散值，并把对应的函数值之差的平方和除以离散点数 n，记作：

$$Q = \frac{1}{n} \sum_{i=1}^{n} (x_i - y_i)^2 \quad (i = 1, 2, \cdots, n) \tag{2-48}$$

如果两信号相等，则 $Q = 0$。Q 值越小，波形越相似。

将式（2-48）展开得：

$$Q = \frac{1}{n} \sum_{i=1}^{n} x_i^2 + \frac{1}{n} \sum_{i=1}^{n} y_i^2 - \frac{2}{n} \sum_{i=1}^{n} x_i y_i \tag{2-49}$$

式子前两项分别为 $x(t)$、$y(t)$ 的均方值，即信号的总能量。因为 $Q \geq 0$，则最后一项始终小于等于前两项之和，以前两项之和为最大值。这样两个信号波形的相似程度取决于第三项，取其一半记作：

$$R = \frac{1}{n} \sum_{i=1}^{n} x_i y_i \tag{2-50}$$

显然，R 数值大，Q 就小，波形越相似。这一表达式在分析时还不能完全适用，因为信号时移后，相似程度不同。比如余弦信号时移 90° 的波形和正弦信号完全相似，因此可在其中一个信号中引入时间平移量 τ 这一变量，式（2-50）就成为：

$$R(\tau) = \frac{1}{n} \sum_{i=1}^{n} x_i y_{i+\tau} \tag{2-51}$$

$R(\tau)$ 可称为 $x(t)$ 和 $y(t)$ 两信号的互相关函数的基本概念表达式，可见 $R(\tau)$ 不仅与两信号本身有关，而且是时移 τ 的函数。即总能找到一个使 $R(\tau)$ 取得最大值的 τ 值，其两函数有最大相似性。

2.5.2 变量相关性（相关系数）

两个变量之间的相关程度通常用两个变量之间的相关系数来反映，两个变量的协方差和各自变量的均方差乘积的比值称为两个变量之间的相关系数，即变量 x 和 y 的相关系数定义为

$$\rho_{xy} = \frac{c_{xy}}{\sigma_x \sigma_y} = \frac{\sum \left[(x_i - \mu_x)(y_i - \mu_y) \right]}{\sqrt{\sum (x_i - \mu_x)^2 \cdot \sum (y_i - \mu_y)^2}} \tag{2-52}$$

式中，c_{xy} 代表两个随机变量波动乘积的数学期望；σ_x 和 σ_y 分别表示随机变量 x 和 y 的方差；μ_x 和 μ_y 分别表示随机变量 x 和 y 的均值。

根据许瓦兹（Schwerz）不等式可证明，相关系数 ρ_{xy} 为 $-1 \sim 1$，即 $-1 \leqslant \rho_{xy} \leqslant 1$。当 $\rho_{xy} = \pm 1$，变量 x 和 y 是理想的线性相关；当 $\rho_{xy} = 0$，反映变量 x 和 y 完全不相关；当 $0 < |\rho_{xy}| < 1$，表示变量 x 和 y 之间存在部分相关。图 2-20 展示了不同相关程度下变量 x 和 y 之间的情况。

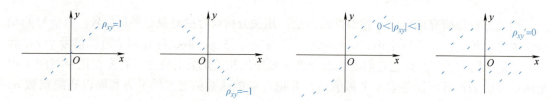

图 2-20　变量 x 和 y 之间的几种不同相关程度情况

自然界的事物变化规律通常表现为：总有相互关联的现象，不一定是线性相关，也不一定是完全无关。例如，人的身高与体重、吸烟与寿命、构件的应力与应变、切削过程中切削速度与刀具磨损的关系等。

2.5.3 信号的互相关函数

两个各态经历过程的随机信号 $x(t)$ 和 $y(t)$ 的互相关函数 $R_{xy}(\tau)$ 的定义为

$$R_{xy}(\tau) = \lim_{T \to +\infty} \frac{1}{T} \int_0^T x(t) y(t + \tau) \, \mathrm{d}t \tag{2-53}$$

同理，$y(t)$ 和 $x(t)$ 的互相关函数 $R_{yx}(\tau)$ 的定义为

$$R_{yx}(\tau) = \lim_{T \to +\infty} \frac{1}{T} \int_0^T y(t)x(t+\tau)\,\mathrm{d}t \tag{2-54}$$

从互相关函数的定义可知，如果 $x(t) = y(t)$，那么 $R_{xy}(\tau) = R_{yx}(\tau) = R_x(\tau)$，即同一个信号之间的互相关函数也就是该信号的自相关函数，同一信号的自相关函数和两个信号之间的互相关函数均为时移（或时差）τ 的函数。

2.5.4　互相关函数的性质

根据互相关函数的定义，互相关函数具有以下几个特点。

1）互相关函数既不具备奇函数的对称性，也不具备偶函数的对称性，具体情况可参考图 2-21 和图 2-22。

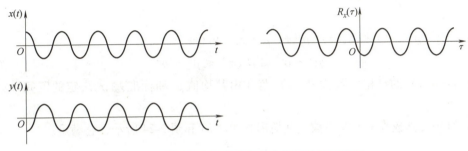

图 2-21　同频率周期信号和它的互相关函数波形

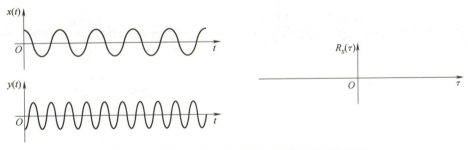

图 2-22　不同频率周期信号和它的互相关函数波形

2）对于两个具有相同频率的周期信号，它们的互相关函数依然是同频率的周期信号，并且保留了原信号的相位信息。这种情况可以从图 2-21 看到。例如，对于两个正弦信号 $A\sin(\omega t)$ 和 $B\sin(\omega t - \varphi)$，它们的互相关函数为 $R_{xy}(\tau) = AB\cos(\omega\tau - \varphi)/2$。

3）如果两个信号具有不同的频率，它们的互相关函数将会是零。这一点可通过正弦（余弦）函数的正交性质进行证明。这种情况可以从图 2-22 看到。

2.5.5　自相关函数

如果 $x(t) = y(t)$，则 $R_{xx}(\tau)$ 或 $R_x(\tau)$ 称为自相关函数，即

$$R_x(\tau) = \lim_{T \to \infty} \frac{1}{T} \int_{-T/2}^{T/2} x(t)x(t+\tau)\,\mathrm{d}t \tag{2-55}$$

可以看出自相关函数实际上是互相关函数的特例，自相关函数描述信号自身一个时刻和另一个时刻取值的相似性或相关性。其估计值为：

$$\hat{R}_x(\tau) = \frac{1}{T}\int_{-T/2}^{T/2} x(t)x(t+\tau)\,\mathrm{d}t \qquad (2\text{-}56)$$

用自相关系数描述自相关性，记作：

$$\rho_x(\tau) = \frac{R_x(\tau) - \mu_x^2}{\sigma_x^2} \qquad (2\text{-}57)$$

前面讨论的是功率信号的相关函数，能量信号的相关函数式为：

$$R_x(\tau) = \int_{-\infty}^{\infty} x(t)x(t+\tau)\,\mathrm{d}t \qquad (2\text{-}58)$$

2.5.6 自相关函数性质

1）由于 $|\rho_{xy}| \leqslant 1$ 和 $R_x(\tau) = \rho_x(\tau)\,\mu_x^2 + \sigma_x^2$，可得

$$\mu_x^2 - \sigma_x^2 \leqslant R_x(\tau) \leqslant \mu_x^2 + \sigma_x^2 \qquad (2\text{-}59)$$

即随机信号 $x(t)$ 的自相关函数 $R_x(\tau)$ 落在由其均值 μ_x 和标准差 σ_x 决定的区间 $[\mu_x^2 - \sigma_x^2, \mu_x^2 + \sigma_x^2]$。

2）自相关函数为 τ 的偶函数，其情形如图 2-23 和图 2-24 所示，它满足：

$$R_x(\tau) = R_x(-\tau) \qquad (2\text{-}60)$$

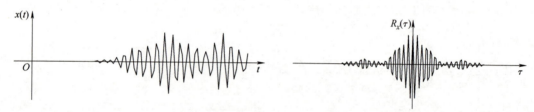

图 2-23　随机信号和它的自相关函数波形

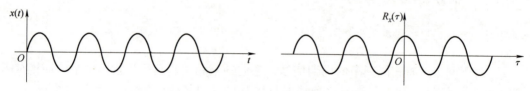

图 2-24　正弦波信号和它的自相关函数波形

3）$\tau = 0$ 时，自相关函数具有最大值，并等于其均方值，即

$$R_x(\tau = 0) = \lim_{T\to+\infty} \frac{1}{T}\int_0^T x(t)x(t)\,\mathrm{d}t = \psi_x^2 \qquad (2\text{-}61)$$

4）当时延 τ 足够大或 $\tau \to \infty$ 时，随机信号 $x(t)$ 与其时延信号 $x(t+\tau)$ 彼此无关，即 $\rho_x(\tau \to \infty) = 0$。当随机信号 $x(t)$ 不含直流分量（即 $\mu_x = 0$）时，自相关函数趋于零，即 $\lim_{\tau\to\infty} R_x(\tau) = 0$；当随机信号 $x(t)$ 含直流分量（即 $\mu_x \neq 0$）时，自相关函数趋于信号均值的平方，即

$$\lim_{\tau \to +\infty} R_x(\tau) = \mu_x^2 \tag{2-62}$$

5）周期信号的自相关函数仍为同频率的周期信号，其幅值与原信号的幅值有关，而丢失了原信号的相位信息。

6）不含周期随机信号的自相关函数将随着 τ 值的增大而很快衰减趋于零。只要信号中含有周期成分，其自相关函数在 τ 值很大时都不衰减，并且有明显的周期性。

2.6　信号的时频分析

傅里叶变换及反变换建立了信号频域与时域的映射关系，基于傅里叶变换的信号频域表示及其能量的频域分布揭示了信号在频域的特征，然而傅里叶变换是一种整体变换，只能对信号在单一域（时域或频域）进行表征，无法建立信号中频率与时间的变化关系。为解决这一问题，需使用信号的时频分析方法。时频分析方法是将一维时域信号转换到二维的时频平面，能够全面反映信号的时频特征。本章介绍了几种比较常见的时频分析方法，此类方法较多，有兴趣的读者可自行查阅书籍和资料进行更为深入地学习。

2.6.1　短时傅里叶变换

为了将时间和频率联系起来，Gabor 在 1946 年提出了短时傅里叶变换（Short-time fourier transform，STFT），其本质是在信号上应用窗函数再进行傅里叶变换。短时傅里叶变换定义如下：

$$STFT(t,f) = \int_{-\infty}^{\infty} x(\tau)h(\tau - t)e^{-j2\pi f\tau}d\tau \tag{2-63}$$

式中，$h(\tau-t)$ 为分析窗函数；t 为窗函数的中心。从上述公式可以看出，信号在时间点 t 处的短时傅里叶变换是信号与一个 t 为中心的"分析窗"$h(\tau-t)$ 乘积后的傅里叶变换。该处理可以理解为从信号中提取了在分析时间点 t 附近的一个切片，而 $x(\tau)$ 乘上分析窗函数 $h(\tau-t)$ 就相当于对信号进行局部分析。对于特定的时间 t，这个操作可视为该时刻的频谱。在时频分析中，为了获得最佳的局部化效果，窗函数的宽度应根据信号特性进行调整。例如，对于正弦型信号适合使用较大的窗宽，而脉冲信号则适合使用较小的窗宽，以确保分析的局部性能最佳。

2.6.2　小波变换

小波变换（Wavelet transform，WT）在短时傅里叶变换局部性思想的基础上进行了扩展。小波变换克服了短时傅里叶变换中窗口大小不随频率变化的限制，提供了一个能够随频率变化的"时间-频率"窗口。小波变换的独特之处在于，通过变换能够有效凸显信号特征的某些方面，实现了对时间（或空间）频率的局部分析。通过尺度的伸缩和平移，小波变换对信号逐步进行多尺度细化，从而能够在高频处进行更精细的时间细分，在低频处进行更精细的频率细分。这种特性使得小波变换能够自动适应时频信号分析的需求，因此可以聚焦于信号的任何细节。小波变换取代了傅里叶变换中的无限长三角函数基，使用了有限长度且会衰减的小波基。小波基的能量有限且集中在某一点附近，其积分值为零。小波变换具有尺度和平移量，其中尺度对应于频率，平移量对应于时间。因此，小波变换广泛应用于时频分析，可以得到信号的时频谱。小波函数的一般形式为

$$\psi_{a,b}(t)=\frac{1}{\sqrt{\alpha}}\psi\left(\frac{t-b}{\alpha}\right) \quad a,b\in\mathbb{R} \tag{2-64}$$

2.6.3 经验模态分解

小波变换的分析结果很大程度上依赖于所选择的小波基，一旦确定了小波基，整个分析过程将无法更改。即使某个小波基在全局上可能是最优，但在某些局部情况下可能并不适用。这意味着小波变换分析中，基函数缺乏自适应性。然而，目前经验模态分解克服了这一问题。

经验模态分解方法的大体思路是利用时间序列上下包络的平均值，确定"瞬时平衡位置"，进而提取固有模态函数。这种方法基于如下假设：

1）信号至少有两个极点。一个极大值和一个极小值。

2）信号特征时间尺度由极值间的时间间隔来确定。

3）如果数据没有极值而仅有拐点，可通过微分、分解、再积分的方法获得固有模态函数。

在这些假设的基础上，可以用经验模态分解的方法将信号的固有模态筛选出来。经验模态分解过程就是个筛选过程，实现振动模式的提取。

经验模态的分解过程具体操作步骤请参考相关书籍，大致如下：

1）根据原始信号上下极值点，分别给出上、下包络线。

2）求上、下包络线的均值，得到均值包络线。

3）用原始信号减去均值包络线，得到中间信号。

4）判断该中间信号是否满足固有模态函数的两个条件：①整个数据范围内，极值点和过零点的数量相等或相差1；②任意点处，所有极大值点形成的包络线和所有极小值点形成的包络线的平均值为零。

如果满足，该信号就是一个固有模态函数分量；如果不是，以该信号为基础，重新做1）~3）的分析。固有模态函数分量的获取通常需若干次迭代。

5）使用上述方法得到第一个固有模态函数后，用原始信号减去固有模态函数1，作为新的原始信号，再通过1）~4）的分析，可以得到固有模态函数2，以此类推，完成经验模态分解。

2.6.4 局部均值分解

局部均值分解能够对非线性、非平稳性信号进行自适应处理，在信号不同尺度信息提取中有着较强的能力。局部均值分解实现信号处理的方式是将信号分解为若干个PF分量以及余量，每个PF分量都有独立的物理意义，由一个纯调频信号与一个包络信号相乘得到。假设存在信号$x(t)$，局部均值分解的大致步骤为：

1）根据相邻极值计算均值序列m_i，即

$$m_i=\frac{n_i+n_{i+1}}{2} \tag{2-65}$$

式中，n_i 为计算得到的局部极值。通过滑动平滑法平滑处理均值序列，得到均值函数 $m_{11}(t)$。

2）根据相邻极值计算包络估计值 a_i，即：

$$a_i = \frac{|n_i - n_{i+1}|}{2} \tag{2-66}$$

同样对包络估计值进行滑动平均处理，得到包络估计函数 $a_{11}(t)$。

3）从原始信号中剔除均值函数 $h_{11}(t) = s(t) - m_{11}(t)$，其中，$h_{11}(t)$ 为差值信号。

4）幅度调节运算插值信号

$$s_{11}(t) = \frac{h_{11}(t)}{a_{11}(t)} \tag{2-67}$$

式中，$s_{11}(t)$ 为纯调频信号。

5）根据 $s_{11}(t)$ 的局部包络信号 $a_{12}(t)$ 是否为 1 来判断 $s_{11}(t)$ 是否为纯调频信号，若 $a_{12}(t)$ 为 1，则 $s_{11}(t)$ 为调频信号，若不为 1，则 $s_{11}(t)$ 为输入信号，重复上述步骤，直到包络函数 $a_{1j}(t)$ 等于 1。

6）相乘得到所有的包络估计函数，结果为幅值函数 $a_1(t)$，即：

$$a_1(t) = \prod_{q=1}^{j} a_{1q}(t) \tag{2-68}$$

7）局部均值分解。分解得到的第一个 PF 分量为 $a_1(t)$ 与纯调频信号 $s_{1j}(t)$ 的乘积，即：

$$f_1(t) = a_1(t) s_{1j}(t) \tag{2-69}$$

式中，$f_1(t)$ 为第一个 PF 分量。

8）将第一个 PF 分量从原始信号中分离，得到剩余信号 $u_1(t)$：

$$u_1(t) = s(t) - f_1(t) \tag{2-70}$$

9）将剩余信号看作原始信号，重复上述步骤，直到获得一个单调函数时终止迭代，此得到 L 个 PF 分量以及 1 个剩余分量 $u_L(t)$，原始信号可表示为：

$$s(t) = \sum_{i=1}^{L} f_1(t) + u_L(t) \tag{2-71}$$

2.6.5　局部特征尺度分解

局部特征尺度分解是一种自适应信号分解方法，可将非平稳信号分解成若干不同频率尺度下的信号成分，并定义为 ISC。在满足分量判据的前提下，一个多分量信号由若干个相互独立 ISC 之和组成。对任一信号 $X(t)$ 进行局部特征尺度分解的情况如下：

1）取 $X(t)$ 的所有极值点 (T_k, X_k)，$k = 1, 2, 3, \cdots, M$（M 为极值点的个数）。利用相邻极值点对 $X(t)$ 进行区间划分，在极值点划分的区间内，可利用线性变换对 $X(t)$ 进行转换，即

$$L_t^{(k)} = L_k + \frac{L_{k+1} - L_k}{L_{k+1} - X_k}(X_t - X_k), t \in (T_k, T_{k+1}) \tag{2-72}$$

式中，$L_t^{(k)}$ 为基线信号段；k 为线性变换的次数。

按照极值点划分的顺序，将基线信号段依次结合，计算得到基线信号 L_t，式（2-72）

中，有

$$L_{k+1} = aA_{k+1} + (1-a)X_{k+1} \tag{2-73}$$

式中，参数 a 一般取值 0.5。

2）假设原始信号由基线信号 L_t 和剩余信号 $P_1(t)$ 组成，则将二者从原始信号 $X(t)$ 中分离。利用 ISC 判据对分离得到的 $P_1(t)$ 进行判别，若满足判据条件，则令 $C_{IS,1}(t) = P_1(t)$。否则将 $P_1(t)$ 作为初始信号，并重新计算 1）、2），循环 k 次后可得到 ISC P_k，记为 $C_{IS,1}(t)$。

3）从原始信号 $X(t)$ 中剔除 $C_{IS,1}(t)$，并将 1）、2）循环计算 n 次，每次均可得到一个满足分量判据的内禀尺度分量。计算终止条件为最终的残余分量 r_n 单调，或者小于信号分解前设定的阈值。于是得：

$$x(t) = \sum_{i=1}^{n} C_{IS,i}(t) = r_n \tag{2-74}$$

局部特征尺度分解是将 ISC 按照频率由高到低的顺序从原始信号中依次分离，将信号分解为具有不同频率尺度的分量，从而对信息进行充分挖掘。分解结果中的残余分量 r_n 反映信号的变化趋势，通过剔除该残余分量，可达到一定程度的降噪效果。另外，相比采用样条差值的信号分解方法如经验模态分解，局部特征尺度分解通过线性变换从原始信号中分离出基线信号，计算量更小，且在抑制端点效应和模态混叠方面性能更优。

为了选择合适的 ISC 进一步降噪，引入互相关系数 R 和 ISC 频率进行判断。互相关系数的表达式为

$$R(i) = \frac{1}{H} \sum_{j=1}^{M} x(i,j) y(i), i = 0,1,2,\cdots,N \tag{2-75}$$

式中，$R(i)$ 为互相关系数；$x(i, j)$ 为 ISC；$y(i)$ 为声发射信号分量；H 为信号长度；N 为 ISC 个数。

互相关系数 R 表现了两个信号间的相互关联程度，噪声分量与真实无噪声信号分量的互相关系数理论上为 0。实际分解中，由于源信号分量为包含噪声的分量，且分解出的 ISC 中包含噪声和真实信息。若 ISC 中含有噪声信息或有效信息较少，互相关系数 R 接近于 0。根据以前的经验和自身试验，取相关系数 $R<0.2$ 的 ISC 进行频率检验，若 ISC 不含噪声，则其主要频率应在仪器监测的范围内（即 13～1035kHz）。通过二者判断 ISC 中是否含有噪声，对含有噪声的分量进行小波阈值降噪并与其余的 ISC 重构，即可完成对信号的降噪。

除了上述一些方法，最大相关峭度反卷积方法以及类似同步提取变换的后处理技术也被广泛使用，一定程度上解决了传统时频分析方法能量发散、特征模糊的问题，有效克制了信号的噪声影响，实现该目的方法较多，本章不再赘述。

习　题

2-1　简述工程信号的分类与各自特点。

2-2　确定性信号与非确定性信号分析方法有何不同？

2-3　描述周期信号的频率结构可采用什么数学工具？如何描述？周期信号是否可进行

傅里叶变换？为什么？

  2-4 求正弦信号 $x(t)=A\sin(\omega t+\varphi)$ 的均值 μ_x 和均方值 φ_x^2。

  2-5 求正弦信号 $x(t)=\sin200t$ 的均值与均方值。

  2-6 假定有一个信号 $x(t)$，它由两个频率、相角均不相等的余弦函数叠加而成，其数学表达式为 $x(t)=A_1\cos(\omega_1t+\varphi_1)+A_2\cos(\omega_2t+\varphi_2)$，求该信号的自相关函数。

  2-7 求指数衰减信号 $x(t)=x_0\mathrm{e}^{-at}\sin(\omega_0+\varphi_0)$ 的频谱。

第 3 章　数字信号的滤波

3.1　滤波的概念

　　滤波（filtering）是为了选取信号中需要的成分，抑制或衰减掉不需要的成分。通过滤波能够实现选频功能，即令信号中特定频率的成分通过，而极大地衰减其他频率的成分。实施滤波功能的装置称为滤波器，滤波器可采用电、机械或数字的方式实现。

　　广义地讲，任何一种信息传输通道（介质）都可视为是一种滤波器，因为任何装置的响应特性都是激励频率的函数，都可用频域函数描述其传输特性。因此，构成测试系统的任何一个环节，如机械系统、电气网络、仪器仪表等，都将在一定的频率范围内，按其频域特性对所通过的信号进行变换与处理。此外，在信号的测量与处理过程中，会不断地受到各种干扰的影响。因此，在对信号进一步处理之前，有必要将信号中的干扰成分去除，以利于信号处理的顺利进行。如图 3-1 所示，从时域看，信号较为复杂不容易辨析；从频域看，信号有 2 个频率成分，其中包含中间的某个不需要的干扰成分。消除该干扰成分，就可以改善信号质量。

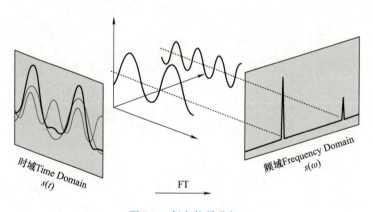

图 3-1　复杂信号分解

3.2　滤波器

3.2.1　滤波器的分类

　　事实上，滤波器是一个系统，系统结构不同，它的输入、输出特性也将不同。根据滤波器的选频方式，一般可将其分为低通滤波器、高通滤波器、带通滤波器和带阻滤波器。

1）低通滤波器（Low-pass filter）。频率为 $0 \sim f_2$，幅频特性平直，它可使信号中低于 f_2 的频率成分几乎不受衰减地通过，而高于 f_2 的频率成分受到极大的衰减。

2）高通滤波器（High-pass filter）。与低通滤波器相反，频率为 $f_1 \sim \infty$，幅频特性平直，它使信号中高于 f_1 的频率成分几乎不受衰减地通过，而低于 f_1 的频率成分将受到极大的衰减。

3）带通滤波器（Band-pass filter）。通频带为 $f_1 \sim f_2$，信号中高于 f_1 而低于 f_2 的频率成分可不受衰减地通过，其他成分受到衰减。

4）带阻滤波器（Band-rejective filter）。特性与带通滤波器刚好相反，阻带为 $f_1 \sim f_2$，在阻带之间的信号频率成分被衰减掉，而其他成分未被衰减。

图 3-2 展示了上述 4 种基本滤波器的幅频特性，其特性互相联系。高通滤波器可用低通滤波器做负反馈回路来实现，故其频响函数 $A_2(f) = 1 - A_1(f)$，$A_1(f)$ 为低通的频响函数。带通滤波器为低通和高通的组合，带阻滤波器可用带通滤波器做负反馈来获得。滤波器还有其他分类方法，比如按照信号处理的性质，可分为模拟滤波器和数字滤波器；按照构成滤波器的性质，可分为无源滤波器和有源滤波器等。本节主要涉及数字滤波的内容，有关模拟滤波的内容不作重点介绍，读者可参阅有关模拟信号处理方面的文献。

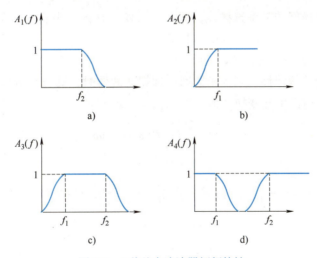

图 3-2　4 种基本滤波器幅频特性

3.2.2　理想滤波器

1. 模型

理想滤波器是一种理想化的模型，它基于滤波网络的特性进行定义，物理上是不可实现的。然而，研究理想滤波器有助于理解滤波器的传输特性并从中得出结论，这些结论可作为实际滤波器传输特性分析的基础。

对于一个理想的线性系统，若要满足不失真测试的条件，该系统的频率响应函数应为：

$$H(f) = A_0 e^{-j2\pi f t_0} \tag{3-1}$$

式中，A_0 和 t_0 均为常数。若一个滤波器的频率响应函数 $H(f)$ 具有如下形式：

$$H(f) = \begin{cases} A_0 e^{-j2\pi f t_0}, & |f| < f_c \\ 0 & \text{其余} \end{cases} \tag{3-2}$$

则该滤波器称为理想滤波器。

理想滤波器具有如式（3-3）和式（3-4）所示的矩形幅度特性和线性相移特性，在频域上的展示效果如图 3-3 所示。

$$|H(f)| = \begin{cases} A_0, & -f_c < f < f_c \\ 0 & \text{其余} \end{cases} \tag{3-3}$$

$$\varphi(f) = -2\pi f t_0 \tag{3-4}$$

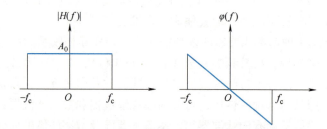

图 3-3　理想低通滤波器的矩形幅度、线性相移特性

理想滤波器具有极好的频率选择性，即它们无衰减地通过低于截止频率 f_c 的所有频率，完全衰减掉阻带内的所有频率而不会引入相位失真。

2. 单位脉冲下的理想低通滤波响应

根据线性系统的传输特性，当 δ 函数通过理想滤波器时，其脉冲响应函数 $h(t)$ 应为频率响应函数 $H(f)$ 的逆傅里叶变换，即

$$h(t) = \frac{1}{2\pi} \int_{-\infty}^{+\infty} H(\omega) e^{j\omega t} d\omega \tag{3-5}$$

因此有

$$\begin{aligned} h(t) &= \int_{-\infty}^{\infty} H(f) e^{j2\pi f t} df = \int_{-f_c}^{f_c} A_0 e^{-j2\pi f t_0} e^{j2\pi f t} df \\ &= 2A_0 f_c \frac{\sin 2\pi f_c(t - t_0)}{2\pi f_c(t - t_0)} = 2A_0 f_c Sa[2\pi f_c(t - t_0)] \end{aligned} \tag{3-6}$$

其中

$$Sa[2\pi f_c(t - t_0)] = \frac{\sin 2\pi f_c(t - t_0)}{2\pi f_c(t - t_0)} \tag{3-7}$$

脉冲响应函数 $h(t)$ 的波形如图 3-4 所示，这是一个峰值位于 t_0 时刻的 $Sa(t)$ 型函数。分析可知：

1）$t = t_0$ 时，$h(t) = 2A_0 f_c$，t_0 称为相时延，表明信号通过系统时的时间滞后，即响应时间滞后于激励时间。

2）$t = t_0 \pm (n/2f_c)$（$n = 1, 2, \cdots$）时，$h(t) = 0$，表明函数的周期性。

3）$t \leqslant 0$ 时，$h(t) \neq 0$，表明激励信号 $\delta(t)$ 在 $t = 0$ 时加入，而响应却在 t 为负值时出现。

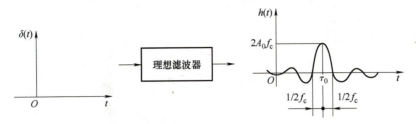

图 3-4　理想低通滤波器的脉冲响应

　　可以看出，理想低通滤波器的脉冲响应函数的波形在整个时间轴上延伸，且其输出在输入 $\delta(t)$ 到来之前，即 $t<0$ 时便已经出现，对于实际的物理系统，在信号被输入之前不可能有任何输出，出现上述结果是由于采取了实际中不可能实现的理想化传输特性的缘故。因此理想低通滤波器（推而广之也包括理想高通、带通在内的一切理想化滤波器）在物理上是不可能实现的。

3. 单位阶跃输入下的理想低通滤波响应

　　讨论理想滤波器的阶跃响应，是为了进一步了解滤波器的传输特性，确立关于滤波器响应的上升时间与滤波器通频带宽之间的关系。如果给予滤波器单位阶跃输入 $u(t)$，即

$$u(t)=\begin{cases} 1 & t>0 \\ \dfrac{1}{2} & t=0 \\ 0 & t<0 \end{cases} \tag{3-8}$$

则滤波器的输出 $y_u(t)$ 将是该输入与脉冲响应函数的卷积，即

$$
\begin{aligned}
y_u(t) &= h(t)*u(t) \\
&= 2A_0 f_c Sa[2\pi f_c(t-t_0)]*u(t) \\
&= 2A_0 f_c \int_{-\infty}^{\infty} Sa[2\pi f_c(\tau-t_0)]u(t-\tau)\mathrm{d}\tau \\
&= 2A_0 f_c \int_{-\infty}^{\infty} Sa[2\pi f_c(\tau-t_0)]\mathrm{d}\tau \\
&= A_0\left[\frac{1}{2}+\frac{1}{\pi}Si(y)\right]
\end{aligned}
\tag{3-9}
$$

式中

$$Si(y)=\int_0^y \frac{\sin x}{x}\mathrm{d}x \tag{3-10}$$

$$y=2\pi f_c(t-t_0) \tag{3-11}$$

$$x=2\pi f_c(\tau-t_0) \tag{3-12}$$

　　对式（3-9）求解，得到理想低通滤波器对单位阶跃的响应，结果如图 3-5 所示。

　　1）$t=t_0$ 时，$y_u(t)=0.5A_1$，t_0 是阶跃信号通过理想滤波器的延迟时间，或称相时延。

　　2）$t=t_0+(1/2f_c)$ 时，$y_u(t)\approx1.09A_1$；当 $t=t_0-(1/2f_c)$ 时，$y_u(t)\approx-0.09A_1$。但从图中可以看出，阶跃响应在负无穷趋于 0，正无穷方向上大于 A_1，因此我们定义 t_b-t_a 是滤波器对阶跃响应的时间历程。

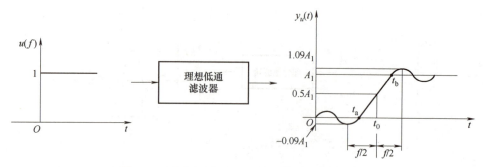

图 3-5　理想低通滤波器对单位阶跃输入的响应

时移 t_0 仅影响曲线的左右位置，不影响建立时间。物理意义可解释为：由于滤波器的单位脉冲响应函数 $h(t)$ 的图形主瓣有一定的宽度 $1/f_c$，因此当滤波器的 f_c 很大，即其通频带很宽时，$1/f_c$ 很小，$h(t)$ 的图形将变陡，从而所得的建立时间 t_b-t_a 也将很小。反之，若 f_c 小，则 t_b-t_a 将变大，即建立时间长。

建立时间 t_b-t_a 也可以这样理解：输入信号突变处必包含丰富的高频分量，低通滤波器阻挡了高频分量，其结果是将信号波形"圆滑"了。通带，衰减的高频分量越少，信号便有较多的分量更快通过，因此建立时间较短；反之，则长。因此，低通滤波器的阶跃响应的建立时间 t_b-t_a 与带宽 B 成反比，则有

$$t_b-t_a=\frac{常数}{B} \tag{3-13}$$

这一结论同样适用于其他高通、带通、带阻滤波器。

滤波器的带宽决定了其频率分辨率，带宽较窄意味着能够更准确地分辨不同的频率成分。因此，上述结论的重要意义在于指出滤波器的高分辨能力和快速响应的要求之间存在矛盾。如果希望通过滤波选择信号中非常窄的频率成分（例如高分辨率的频谱分析），就需要充足的时间。如果时间不够，则可能会产生误解和假象。

3.2.3　实际滤波器

图 3-6 表示理想带通滤波器与实际带通滤波器的幅频特性，从中可以看出两者间的差别。对于理想滤波器，在两截止频率 f_{c1} 和 f_{c2} 之间的幅频特性为常数 A_0，截止频率之外的幅频特性均为零。对于实际滤波器，其特性曲线无明显转折点，通带中幅频特性也并非常数。因此要求有更多的参数对它进行描述，主要有截止频率、带宽、纹波幅度、品质因子（Q 值）以及倍频程选择性等。

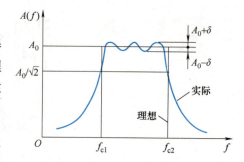

图 3-6　理想带通滤波器与实际
带通滤波器的幅频特性

1）截止频率（Cut-off frequency）。幅频特性值等于 $A_0/\sqrt{2}$ 所对应的频率点（图 3-6 中的 f_{c1} 和 f_{c2}）称为截止频率。若以信号的幅值平方表示信号功率，该频率对应的点为半功率点。

2）带宽（Band-width）。滤波器带宽定义为上下两截止频率之间的频率范围 $B=f_{c2}-f_{c1}$，

又称−3dB 带宽，单位为 Hz。带宽表示滤波器的分辨能力，即滤波器分离信号中相邻频率成分的能力。

3）纹波幅度（Ripple magnitude）。纹波幅度指通带中幅频特性值的起伏变化值。以 $\pm\delta$ 表示，δ 值越小越好。

4）品质因子（Q 值）（Quality factor）。电工学中以 Q 表示谐振回路的品质因子，而在二阶振荡环节中，Q 值相当于谐振点的幅值增益系数，$Q=\zeta/2$。对于一个带通滤波器，其品质因子 Q 定义为中心频率 f_0 与带宽 B 之比，即 $Q=f_0/B$。

5）倍频程选择性（Octave selectivity）。在两截止频率外侧，实际滤波器有一个过渡带，这个过渡带的幅频曲线倾斜程度表明幅频特性衰减的快慢，它决定着滤波器对带宽外频率成分衰阻的能力，通常用倍频程选择性来表征。所谓倍频程选择性，是指在上截止频率 f_{c2} 与 $2f_{c2}$ 之间，或者在下截止频率 f_{c1} 与 $f_{c1}/2$ 之间幅频特性的衰减值，即频率变化一个倍频程时的衰减量为：

$$W=-20\lg\frac{A(2f_{c2})}{A(f_{c2})} \tag{3-14}$$

或

$$W=-20\lg\frac{A\left(\dfrac{f_{c1}}{2}\right)}{A(f_{c1})} \tag{3-15}$$

倍频程衰减量以 dB/oct 表示（octave，倍频程）。显然，衰减越快（即 W 值越大），滤波器选择性越好。对于远离截止频率的衰减率，也可用 10 倍频程衰减数表示，即 dB/10 oct。

6）滤波器因数（矩形系数）（Filter factor）。滤波器因数 λ 定义为滤波器幅频特性的 −60dB 带宽与−3dB 带宽的比，即

$$\lambda=\frac{B_{-60\text{dB}}}{B_{-3\text{dB}}} \tag{3-16}$$

理想滤波器 $\lambda=1$，通常使用的滤波器 $\lambda=1\sim5$。有些滤波器因器件影响（例如电容漏阻等），阻带衰减倍数达不到−60dB，则以标明的衰减倍数（如−40dB 或−30dB）带宽与−3dB 带宽之比来表示其选择性。

3.2.4　数字滤波器

在信号处理领域，对于信号处理的实时性、快速性的要求越来越高。而在许多信息处理过程中，如对信号的过滤、检测、预测等，都要广泛采用滤波器。数字滤波器（Digital filter，DF）具有稳定性高、设计灵活等优点，避免了模拟滤波器无法克服的电压漂移、温度漂移和噪声等问题，因而随着数字技术的发展，用数字技术实现滤波器的功能越来越受到人们的注意和广泛的应用。

数字滤波是数字信号分析中最重要的组成部分之一，与模拟滤波相比，它具有精度和稳定性高、系统函数易改变、灵活性强、便于大规模集成和可实现多维滤波等优点。在信号过滤、检测和参数估计等方面，经典数字滤波器是使用最广的一种线性系统。数字滤波器是利用离散时间系统的特性对输入信号波形（或频谱）进行加工处理，或者说利用数字方法按预定的要求对信号进行变换。

　　若滤波器的输入、输出都是离散时间信号，那么该滤波器的单位冲激响应 $h(n)$ 也必然是离散的，这种滤波器称为数字滤波器。当用硬件实现数字滤波器时，所需的元件是乘法器、延时器和相加器；而用 MATLAB 软件实现时，它仅需要线性卷积程序即可实现。模拟滤波器（Analog filter，AF）只能用硬件实现，其元件有电阻 R、电感 L、电容 C 及运算放大器等。因此，DF 的实现比 AF 要容易得多，并且更容易获得较理想的滤波性能。

　　可以说，数字滤波器的作用就是利用离散时间系统的特性对输入信号波形（或频谱）进行加工处理，或者说利用数字方法按预定要求对信号进行变换，把输入序列 $x(n)$ 变换成一定的输出序列 $y(n)$（图 3-7），从而达到改变信号频谱的目的。

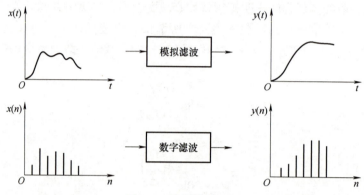

图 3-7　数字滤波系统

数字滤波器的系统函数为：

$$H(z)=\frac{b_0+b_1z^{-1}+b_2z^{-2}+\cdots+b_Mz^{-M}}{a_0+a_1z^{-1}+a_2z^{-2}+\cdots+a_Nz^{-N}}=\frac{Y(z)}{X(z)} \tag{3-17}$$

对应差分方程描述为

$$a_0y(n)+a_1y(n-1)+\cdots+a_{N-1}y(n-N+1)+a_Ny(n-N)$$
$$=b_0x(n)+b_1x(n-1)+\cdots+b_{M-1}x(n-M+1)+b_Mx(n-M) \tag{3-18}$$

式中，$x(n)$ 为系统输入，$y(n)$ 为系统输出。

　　若利用取和符号，式（3-18）可表示为

$$\sum_{k=0}^{N}a_ky(n-k)=\sum_{r=0}^{M}b_rx(n-r) \tag{3-19}$$

式（3-18）、式（3-19）中，$y(n)$ 是响应，$x(n)$ 是激励；a_0，a_1，$\cdots$，a_{N-1}，a_N 和 b_0，b_1，$\cdots$，b_{M-1}，b_M 是常数，N、M 分别是 $y(n)$、$x(n)$ 的最高位移阶次。

　　设数字滤波器的脉冲响应序列为 $\{h(0)$，$h(1)$，$h(2)$，$\cdots\}$，则系统输入输出可写成离散卷积形式：

$$y(n)=h(n)*x(n)=\sum_{m=0}^{\infty}h(m)x(n-m) \tag{3-20}$$

式中，$h(n)$ 是系统的单位采样响应或单位脉冲响应，其频谱响应即式（3-20）的卷积经离散傅里叶变换可得：

$$Y(e^{j\omega})=H(e^{j\omega})X(e^{j\omega}) \tag{3-21}$$

式中，$Y(e^{j\omega})$ 是输出序列的傅里叶变换，即

$$Y(\mathrm{e}^{\mathrm{j}\omega}) = \sum_{n=-\infty}^{\infty} y(n)\mathrm{e}^{-\mathrm{j}n\omega} \tag{3-22}$$

$X(\mathrm{e}^{\mathrm{j}\omega})$ 是输入序列的傅里叶变换，即

$$X(\mathrm{e}^{\mathrm{j}\omega}) = \sum_{n=-\infty}^{\infty} x(n)\mathrm{e}^{-\mathrm{j}n\omega} \tag{3-23}$$

$H(\mathrm{e}^{\mathrm{j}\omega})$ 是单位采样响应 $h(n)$ 的离散傅里叶变换，即

$$H(\mathrm{e}^{\mathrm{j}\omega}) = \sum_{n=-\infty}^{\infty} h(n)\mathrm{e}^{-\mathrm{j}n\omega} \tag{3-24}$$

$H(\mathrm{e}^{\mathrm{j}\omega})$ 又称为系统的频率响应，表示输出序列的幅值和相位相对于输入序列的变化，一般为 ω 的连续函数。通常 $H(\mathrm{e}^{\mathrm{j}\omega})$ 是复数，所以，可写成

$$H(\mathrm{e}^{\mathrm{j}\omega}) = \left| H(\mathrm{e}^{\mathrm{j}\omega}) \right| \mathrm{e}^{\mathrm{j}\varphi(\omega)} \tag{3-25}$$

式中，$\left| H(\mathrm{e}^{\mathrm{j}\omega}) \right|$ 称离散信号的幅值响应，表示信号通过该滤波器后各频率成分的衰减情况，$\varphi(\omega)$ 称为相频特性，反映各频率成分通过滤波器后在时间上的延时情况。

可以观察到，数字滤波器的频率响应 $H(\mathrm{e}^{\mathrm{j}\omega})$ 可以对输入序列的频谱进行加权处理，这是滤波器的工作原理。图 3-8 展示了滤波过程中信号的变化。图 3-8a 显示了输入信号（典型的矩形序列）的时域波形和幅度特性曲线，图 3-8b 显示了系统（理想低通滤波器）的时域波形和幅度特性曲线，图 3-8c 展示了输入信号与系统进行时域卷积或频域相乘的效果。从幅频特性曲线可以明显看出，当 $|\omega| \le \omega_{\mathrm{c}}$ 时，频带信号能够通过，而其他频带 $(\omega_{\mathrm{c}} \le |\omega| \le \pi)$ 的信号衰减（截止）。从输出波形 $y(n)$ 看，原始信号 $x(n)$ 中的尖峰和跳变处被平滑了许多，这说明系统对输入信号进行了有效的滤波处理。

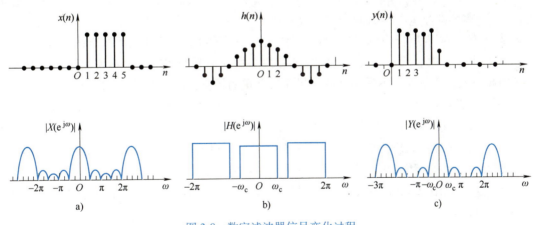

图 3-8　数字滤波器信号变化过程

3.3　时域滤波和频域滤波

3.3.1　时域滤波

时域滤波是一种在时间域上对信号进行滤波的方法。通过对信号的每个时间点进行处

理，来改变信号的频谱特性。时域滤波可用于去除信号中的噪声、平滑信号和增强信号等。常见的时域滤波方式主要有平均值滤波（算术平均滤波、中位值平均滤波、滑动平均滤波）、中值滤波、限幅滤波。

（1）平均值滤波

1）算术平均滤波

① 方法：连续取 N 个采样值进行算术平均运算。N 值较大时，信号平滑度较高，但灵敏度较低；N 值较小时，信号平滑度较低，但灵敏度较高。

② 优点：适用于对一般具有随机干扰的信号进行滤波，这种信号的特点是有一个平均值，信号在某一数值范围附近上下波动。

③ 缺点：对于测量速度较慢或要求数据计算速度较快的实时控制则不适用，并且比较浪费运行内存（RAM）。

2）中位值平均滤波（又称防脉冲干扰平均滤波法）

① 方法：相当于"中位值滤波法"+"算术平均滤波法"，连续采样 N 个数据，去掉一个最大值和一个最小值，然后计算 $N-2$ 个数据的算术平均值，N 值一般选取 3~14。

② 优点：融合了两种滤波法的优点，对于偶然出现的脉冲性干扰，可消除由于脉冲干扰所引起的采样值偏差。

③ 缺点：测量速度较慢，和算术平均滤波法一样，比较浪费运行内存。

3）滑动平均滤波

① 方法：把连续取的 N 个采样值看成一个队列，队列长度固定为 N，每次采样到一个新数据就放入队尾，并扔掉原来队首的第一个数据（先进先出原则）。把队列中的 N 个数据进行算术平均运算，即可获得新的滤波结果。

② 优点：对周期性干扰有良好的抑制作用，平滑度高，适用于高频振荡的系统。

③ 缺点：灵敏度低，对偶然出现的脉冲性干扰的抑制作用较差，不易消除由于脉冲干扰所引起的采样值偏差，不适用脉冲干扰比较严重的场合，比较浪费 RAM。

（2）中值滤波

① 方法：连续采样 N 次，把 N 次采样值按大小排列，取中间值为本次有效值。本算法为取中值，故采样次数应为奇数，一般 3 次或 5 次。对于变化很慢的采样信号也可增加次数。其程序编制可采用几种常规的排序算法，如冒泡算法。

② 优点：能有效克服因偶然因素引起的波动干扰，对温度、液位等变化较缓慢的被测参数有良好的滤波效果。

③ 缺点：对流量、速度等快速变化过程的参数处理效果不好。

（3）限幅滤波

① 方法：根据经验判断，确定两次采样允许的最大偏差值（设为 A），每次检测到新值时进行判断，如果本次值与上次值之差 ≤ A，则本次值有效；如果本次值与上次值之差 > A，则本次值无效，放弃本次值，用上次值代替本次值。

② 优点：能有效克服因偶然因素引起的脉冲干扰，对随机干扰或采样器不稳定引起的失真有良好的滤波效果。

③ 缺点：无法抑制周期性干扰，平滑度差。

3.3.2　频域滤波

任何信息传输通道都有特定的响应特性，可以用频域函数描述这种传输特性。将信息传输通道视为滤波器，可以更好地理解信息的传递和可能的调整。设输入信号为 $x(t)$、传输装置的传递函数为 $h(t)$、输出信号为 $y(t)$，则有

$$y(t) = h(t) * x(t) \tag{3-26}$$

时域滤波结果由输入信号 $x(t)$ 与装置的脉冲响应函数即传递函数 $h(t)$ 的卷积得到。根据时域卷积理论，在频域上则体现为乘积（滤波）关系，即

$$Y(f) = H(f)X(f) \tag{3-27}$$

频域滤波的频谱结果等于输入信号频谱 $X(f)$ 与系统脉冲响应函数傅里叶变换值 $H(f)$ 的乘积。进一步做傅里叶逆变换，则得到

$$y(t) = F^{-1}(Y(f)) \tag{3-28}$$

所以，频域滤波结果为

$$y(t) = F^{-1}(X(f) \cdot H(f)) = F^{-1}(F(x(t)) \cdot H(f)) \tag{3-29}$$

式（3-29）即为针对输入 $x(t)$ 采用频域滤波函数 $H(f)$ 进行滤波的计算公式，过程如图 3-9 所示。

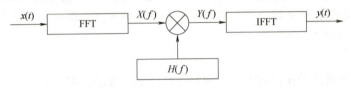

图 3-9　频域滤波过程

滤波器一般分为低通滤波器、高通滤波器、带通滤波器、带阻滤波器，图 3-10 为图 3-2 中四种滤波器的理想幅频特性。

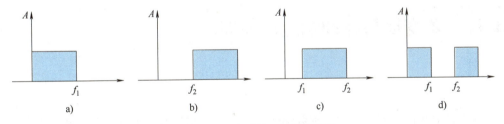

图 3-10　滤波器的理想幅频特性
a）低通滤波器　b）高通滤波器　c）带通滤波器　d）带阻滤波器

图 3-10a 是低通滤波器，有

$$H(f) = \begin{cases} 1 & f < f_1 \\ 0 & 其余 \end{cases} \tag{3-30}$$

它允许信号中的低频或直流分量通过，抑制高频分量、干扰和噪声，即 $0 \sim f_1$ 的频率成分不受衰减通过，其余频率成分则全部衰减。

图 3-10b 是高通滤波器，有

$$H(f) = \begin{cases} 1 & f > f_2 \\ 0 & 其余 \end{cases} \tag{3-31}$$

它允许信号中的高频分量通过，抑制低频或直流分量。与低通滤波相反，它使信号中高于 f_2 的频率成分不受衰减地通过，而低于 f_2 的频率成分被全部衰减。

图 3-10c 是带通滤波器，有

$$H(f) = \begin{cases} 1 & f_1 < f < f_2 \\ 0 & 其余 \end{cases} \tag{3-32}$$

它允许一定频段的信号通过，抑制低于或高于该频段的信号、干扰和噪声。它的通频带为 $f_1 \sim f_2$，信号中高于 f_1 而低于 f_2 的频率成分可以不受衰减地通过，而其他成分则全部受到衰减。

图 3-10d 是带阻滤波器或带限滤波器，有

$$H(f) = \begin{cases} 1 & f > f_2 \\ 1 & f < f_1 \\ 0 & 其余 \end{cases} \tag{3-33}$$

它抑制一定频段内的信号，允许该频段以外的信号通过，又称陷波滤波器。与带通滤波相反，它使信号中高于 f_1 而低于 f_2 的频率成分全部衰减，其余频率成分则不受衰减地通过。

低通滤波器和高通滤波器是滤波器的两种最基本的形式。事实上，带通滤波器可以看作低通滤波器和高通滤波器的串联，即

$$H(f) = H_1(f) H_2(f) \tag{3-34}$$

带阻滤波器则可以看作低通滤波器和高通滤波器的并联，即

$$H(f) = H_1(f) + H_2(f) \tag{3-35}$$

实际滤波器中，通带与阻带之间存在一个过渡带，在此带内，信号会受到不同程度的衰减。

3.4　Z 变换与脉冲响应滤波器

3.4.1　Z 变换

Z 变换是对离散序列进行的一种数学变换，常用于求线性时不变差分方程的解。Z 变换是一种将离散时间信号变换到复频域的数学工具。通过 Z 变换，可分析线性时不变离散时间系统，并将其时域数学模型中的差分方程转换成 Z 域的代数方程。这种转换可以简化离散系统的分析，同时使用系统函数来分析系统的时域特性、频率响应和稳定性等方面的问题。Z 变换已成为分析线性时不变离散系统问题的重要工具，并且在数字信号处理、计算机控制系统等领域有着广泛的应用。

Z 变换拥有许多重要的特性，如线性、时移性、微分性、序列卷积特性和复卷积定理等。这些特性在解决信号处理问题时非常关键，最具典型意义的是卷积特性。在信号处理中，其任务是将输入信号序列通过一个或多个系统的处理得到输出信号序列。因此，最重要

的问题是如何根据输入信号和系统特性来求解输出信号。通过理论分析可得，如果直接在时域中求解，那么为了得到输出信号，必须进行复杂的卷积计算，因为输出信号等于输入信号序列与系统单位抽样响应序列的卷积和。然而，利用 Z 变换的卷积特性可以大大简化这个过程。只需分别求解输入信号序列和系统的单位抽样响应序列的 Z 变换，然后求出它们乘积的反变换，即可得到输出信号序列。反变换是指逆 Z 变换，它是通过 Z 变换的逆运算来求得原始信号序列的变换方式。

当前，已有现成的与拉氏变换表类似的 Z 表。对于一般的信号序列，均可直接查表得到 Z 变换。相应地，也可由信号序列的 Z 变换查出原信号序列，从而使得求取信号序列的 Z 变换较为简便易行。

对于离散数字序列，Z 变换操作实际上是一个移位操作。例如，对于传递函数为

$$H(z) = z^{-1} \tag{3-36}$$

的 Z 变换，由输入 $x(n)$ 得到 Z 变换结果 $y(n)$，实际上就是 $y(n) = x(n-1)$。

对于传递函数为

$$H(z) = z^2 \tag{3-37}$$

的 Z 变换，由输入 $x(n)$ 得到 Z 变换结果 $y(n)$，则 $y(n) = x(n+2)$。因此，如果有一个滤波器设计形式 $H(z)$，容易直接得到其时域的滤波方程。

3.4.2　双边 Z 变换

双边 Z 变换定义为：

$$X(z) = Z\{x[n]\} = \sum_{n=-\infty}^{\infty} x[n]Z^{-n} \quad Z \in R(x) \tag{3-38}$$

$R(x)$ 称为 $X(z)$ 的收敛域。

单边 Z 变换定义如下：

$$X(z) = Z\{x[n]\} = \sum_{n=0}^{\infty} x[n]Z^{-n} \quad Z \in R(x) \tag{3-39}$$

$R(x)$ 称为 $X(z)$ 的收敛域。

3.4.3　无限脉冲响应滤波器 IIR

IIR 数字滤波器的冲击响应 $h(n)$ 无限长，其输入输出关系为：

$$y(n) = \sum_{i=-\infty}^{+\infty} h(i)x(n-i) \tag{3-40}$$

系统函数为

$$H(z) = \sum_{n=-\infty}^{+\infty} h(n)z^{-n} = \frac{\sum_{r=0}^{m} b_r z^{-r}}{1 - \sum_{k=1}^{n} a_k z^{-k}} \tag{3-41}$$

设计无限长单位脉冲响应数字滤波器一般有 3 种方法：

1）先设计一个合适的模拟滤波器，然后将其数字化，即将 S 平面映射到 Z 平面得到所需的数字滤波器。模拟滤波器的设计技巧非常成熟，不仅得到的是闭合形式的公式，而且设

计系数已经表格化。因此，由模拟滤波器设计数字滤波器的方法简便准确，已得到普遍采用。对于这种方法，工程上有两种常见的变换法——脉冲响应不变法及双线性变换法。

2）在 Z 平面直接设计 IIR 数字滤波器，给出闭合形式的公式，或者以所希望的滤波器响应作为依据，通过多次选定极点和零点的位置直接在 Z 平面上逼近该响应。

3）利用最优化技术设计参数，选定极点和零点在 Z 平面上的合适位置，在某种最优化准则意义上逼近所希望的响应。但一般不能得到滤波器的系数（即零，极点的位置）作为给定响应的闭合形式函数表达式。优化设计需完成大量的迭代运算，这种设计法实际上也是 IIR 滤波器的直接设计。

3.4.4　有限脉冲响应滤波器 FIR

若滤波器处于零状态（无惯性），利用 Z 变换可将式（3-27）的卷积变换为

$$Y(z) = H(z)X(z) \tag{3-42}$$

式中，$Y(z)$ 是系统零状态响应 $y(n)$ 的 Z 变换；$X(z)$ 是激励信号 $x(n)$ 的 Z 变换；$H(z)$ 是单位采样响应 $h(n)$ 的 Z 变换，称为系统函数。数字滤波系统函数可表示为

$$H(z) = \frac{Y(z)}{X(z)} = \frac{\sum_{r=0}^{M} b_r z^{-r}}{\sum_{k=0}^{N} a_k z^{-k}} \tag{3-43}$$

如果系统函数 $H(z)$ 是有理函数，那么式（3-43）的分子、分母都可分解为因子形式

$$H(z) = G \cdot \frac{\prod_{r=1}^{M} (1 - z_r z^{-1})}{\prod_{k=0}^{N} (1 - p_k z^{-1})} \tag{3-44}$$

式中，$z_r(r=1, 2, \cdots, M)$ 称为系统的零点；$p_k(k=1, 2, \cdots, N)$ 称为系统的极点。显然，零点和极点由 $H(z)$ 的分子、分母决定，而零点、极点的分布能确定系统的性质和单位采样响应的性质。

数字滤波器是线性时不变离散系统，系统函数 $H(z)$ 是 z^{-1} 的有理函数，因此，式（3-43）可写成

$$H(z) = \frac{\sum_{r=0}^{M} b_r z^{-r}}{1 + \sum_{k=1}^{N} a_k z^{-k}} \tag{3-45}$$

可以看出，若 $a_k = 0 (k=1, 2, \cdots, N)$，则 $H(z)$ 是 z^{-1} 的多项式 $H(z) = \sum_{r=0}^{M} b_r z^{-r}$，即相应的单位采样响应 $h(n)$ 是有限长，对应的滤波器称为有限脉冲响应滤波器。

FIR 滤波器的基本结构可以理解为一个分节的延时线，把每一节的输出加权累加，可得到滤波器的输出。FIR 数字滤波器在保证幅度特性满足技术要求的同时，很容易保证严格的线性相位特性；另外，FIR 数字滤波器的单位脉冲响应是有限长的，因此，滤波器一定是稳定的，只要经过一定的延时，任何非因果的有限长序列都将变成因果的有限长序列，因而总

能用因果系统来实现；最后，由于 FIR 数字滤波器单位脉冲是有限长，故可以用 FFT 算法来过滤信号，这样可以大大提高运算效率。FIR 滤波器的脉冲响应 $h(n)$ 有限长，FIR 滤波器设计问题本质上是确定能满足所要求的转移序列或脉冲响应的常数问题，设计方法主要有窗函数法、频率采样法和等波纹最佳逼近法等。

习 题

3-1   什么是信号滤波，在什么条件下它能很好地工作？

3-2   试阐述滤波器的基本类型和它们的传递函数。

3-3   已知理想低通滤波器

$$H(\omega) = \begin{cases} A_0 e^{-j\omega \tau_0} & -\omega_c < \omega < \omega_c \\ 0 & 其他 \end{cases}$$

试求，当阶跃信号通过此滤波器后：①时域波形；②频域；③滤波器带宽（$B_f = \omega_c / 2\pi$）与滤波上升时间的关系。

3-4   已知理想滤波器的传递函数 $H(\omega)$ 和阶跃响应 $y_M(t)$

$$H(\omega) = e^{-j\omega \tau_0} \qquad -\omega_c < \omega < \omega_c$$

$$y_M(t) = \frac{1}{2} + \frac{1}{\pi} si[\omega_c(t-t_0)]$$

试求，当矩形脉冲信号

$$x_r(t) = u(t) - u(t-\tau)$$

通过时，时域、频域波形以及当改变滤波器带宽 ω_c 时的波形变化。

3-5   试求调幅信号

$$x_A(t) = (1 + \cos t)\cos 100t$$

通过带通滤波器时的输出信号 $y_A(t)$ 及其频谱 $y_A(\omega)$。带通滤波器的传输特性为：

$$H(\omega) = \frac{1}{1 + j(\omega - 100)}$$

已知一理想低通滤波器，其 $|H(\omega)| = 1$，$\varphi(\omega) = 4 \times 10^{-6}\omega$，截止角频率 $\omega_c = 6 \times 10^5 \, \text{rad/s}$，如果在输入端加一个 12V 的阶跃信号作为激励，试求：①激励信号加入后，$t = 6\mu s$ 时此滤波器输出信号的幅度；②滤波器输出信号上升到 6V 时所需的时间。

3-6   什么是 Z 变换，为什么需要在时域滤波中使用它？

3-7   利用 Z 变换计算一阶系统的阶跃响应。

第4章 常用传感器

4.1 传感器概述

4.1.1 传感器的定义和作用

　　传感器是借助检测元件接收某种形式的信息（如物理信息、化学信息、生物信息等），并根据一定的规律将接收的信息转换为另一种形式的信息（通常是电信息和光信息）的装置。由于电信号容易检测、处理和传输，传感器转换后的信号大多为电信号，因此传感器可以定义为是将外界输入的非电信号转换为电信号的装置。

　　传感器是连接研究对象和检测系统的桥梁，可以感知外部环境的刺激和变化，获取准确的信息，并将其转换为容易传输和处理的信号。因此，传感器是测控系统的重要组成部分，人类的日常生活、科学研究和自动化生产都离不开传感器。

4.1.2 传感器的组成和分类

　　传感器通常由敏感元件、转换元件、辅助元件、信号调节与转换电路组成，结构框图如图4-1所示。敏感元件直接感受被测量，并将被测量传递给转换元件；转换元件将接收到的被测量转换为适于传输和测量的电信号。敏感元件和转换元件是传感器的核心，有些传感器可能将敏感元件和转换元件合为一体。辅助元件是指传感器结构件、连接件、电源等部件；由于传感器的输出信号一般较为微弱，因此需通过信号调节与转换电路将其放大或变换为易于传输、处理、记录和显示的形式。信号调节与转换电路有放大器、电桥、振荡电路和电荷放大器等，它们分别与相应的传感器配合使用。

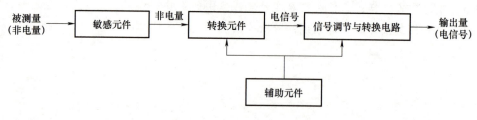

图4-1 传感器结构框图

　　传感器种类繁多，分类方法多样，其分类见表4-1。本章主要按物理现象分类方式分别介绍结构型传感器和物性型传感器。

表 4-1 传感器的分类

分类方法	传感器类型	说明
按输入量分类	位移传感器、加速度传感器、压力传感器、温度传感器等	以被测物理量命名
按工作原理分类	应变式、电容式、电感式、压电式、霍尔传感器等	以传感器工作原理命名
按物理现象分类	结构型传感器	依靠结构参数变化实现信息转换（如电容式传感器）
	物性型传感器	依靠物理特性变化实现信息转换（如水银温度计）
按能量关系分类	能量转换型传感器	能量自供，被测量转换为输出量的能量（如热电偶）
	能量控制型传感器	能量外供，被测量控制输出量的能量（如电阻应变片）
按输出信号分类	模拟式传感器	输出量为模拟量
	数字式传感器	输出量为数字量

4.2 结构型传感器

结构型传感器依靠传感器结构参数变化而实现信号转换。例如，电容式传感器依靠极板间距变化引起电容量的变化，电感式传感器依靠衔铁位移引起自感量或互感量的变化等。

4.2.1 电阻传感器

电阻式传感器是一种将被测量变化转换为电阻变化的传感器，按工作原理可分为变阻器式传感器和电阻应变式传感器。

1. 变阻器式传感器

变阻器式传感器又称为电位器式传感器，由电阻元件（电位器）和电刷（活动触点）两个基本部分组成。根据电刷相对于电阻元件的运动，可分为直线位移型、角位移型和非线性型等，变阻器式传感器如图 4-2 所示。

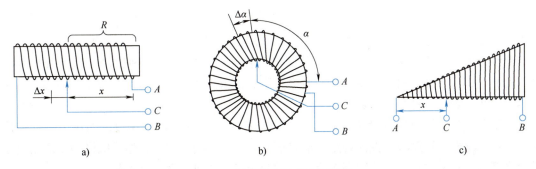

图 4-2 变阻器式传感器结构图
a) 直线位移型 b) 角位移型 c) 非线性型

变阻器式传感器是通过将活动触点的线位移或角位移等位移量转换成电阻的变化或电压

的变化，转换原理依据下式：

$$R = \rho \frac{l}{S} \tag{4-1}$$

式中，ρ 是电阻率；l 是电阻丝的长度；S 是电阻丝的横截面积。当电阻丝的材质与直径一定时，电阻丝的电阻 R 与长度 l 成正比。

对于直线位移型电位器，其等效电路如图 4-3 所示，端子 A 点与 B 点之间的电阻和 A 点与 C 点之间的电阻分别为：

$$R_{AB} = k_l L$$
$$R_{AC} = k_l x \tag{4-2}$$

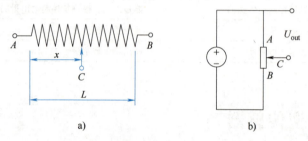

图 4-3　直线位移型电位器等效电路图
a）电位器的结构　b）电路中电位器的连接

式中，k_l 是单位长度对应的电阻，L 是电位器的总长度，x 是端子 C 的位移。端子 A 和端子 B 连接到直流电源，端子 A 和端子 C 之间的电压作为输出，则输出电压为：

$$U_{out} = \frac{R_{AC}}{R_{AB}} U = \frac{U}{L} x \tag{4-3}$$

式中，U 是电源的电压。由此可见，电位器的输出电压与线位移 x 成正比，其灵敏度 K_L 为：

$$K_L = \frac{dR}{dx} = k_l \tag{4-4}$$

同理，角位移型电位器的灵敏度 K_A 为：

$$K_A = \frac{dR}{d\alpha} = k_\alpha \tag{4-5}$$

式中，α 为转角；k_α 为单位弧度对应的电阻值，电阻丝均匀分布时，k_α 为常数。

非线性电位器又称函数电位器，是其输出电阻（或电压）与电刷位移（包括线位移或角位移）之间具有非线性函数关系的一种电位器，即 $R_x = f(x)$，它可以实现指数函数、三角函数、对数函数等各种特定函数。

变阻器式传感器可以测量位移和其他可以转换为位移的物理量参数，如压力、加速度等。这种传感器结构简单、性能稳定、输出信号大、受环境影响小，但是电刷与线圈或电阻膜存在摩擦，容易磨损，并且动态响应差，适合测量变化较为缓慢的参数。

2. 电阻应变式传感器

又称电阻应变片，主要有金属和半导体两种，其结构简单、使用方便、性能稳定、动态响应快、测量精度高，可测量应变、力、速度、加速度和扭矩等，广泛应用于航空航天、机械、电力等领域。半导体应变片属于物性型传感器，因此本节主要讨论金属电阻应变片。

金属电阻应变片的工作原理是基于金属的电阻-应变效应，即金属丝在外力作用下发生机械变形时，其电阻值也发生相应的变化。

根据 $R=\rho\dfrac{l}{S}$，当电阻丝变形时，其长度 l、横截面积 S 和电阻率 ρ 发生变化，若增量分别为 $\mathrm{d}l$、$\mathrm{d}S$ 和 $\mathrm{d}\rho$，则电阻增量为：

$$\begin{aligned}
\mathrm{d}R &= \frac{\partial R}{\partial l}\mathrm{d}l+\frac{\partial R}{\partial S}\mathrm{d}S+\frac{\partial R}{\partial \rho}\mathrm{d}\rho \\
&= \frac{\rho}{S}\mathrm{d}l-\frac{\rho l}{S^2}\mathrm{d}S+\frac{l}{S}\mathrm{d}\rho \\
&= R\left(\frac{\mathrm{d}l}{l}-\frac{\mathrm{d}S}{S}+\frac{\mathrm{d}\rho}{\rho}\right)
\end{aligned} \tag{4-6}$$

因为 $S=\pi r^2$，所以有：

$$\frac{\mathrm{d}S}{S}=2\frac{\mathrm{d}r}{r} \tag{4-7}$$

代入式（4-6）得：

$$\frac{\mathrm{d}R}{R}=\frac{\mathrm{d}l}{l}-\frac{2\mathrm{d}r}{r}+\frac{\mathrm{d}\rho}{\rho} \tag{4-8}$$

式中，r 为电阻丝半径；$\mathrm{d}l/l$ 为电阻丝轴向相对变形，又称纵向应变；$\mathrm{d}r/r$ 为电阻丝径向相对变形，又称横向应变。

由力学原理可知，横向收缩和纵向伸长的关系与泊松比 μ 有关，即：

$$\frac{\mathrm{d}r}{r}=\mu\frac{\mathrm{d}l}{l}=\mu\varepsilon \tag{4-9}$$

式中，ε 为应变。此外，电阻率的变化与轴向应力有关，即：

$$\frac{\mathrm{d}\rho}{\rho}=K_\pi\sigma=K_\pi E\varepsilon \tag{4-10}$$

式中，K_π 为压阻系数；E 为杨氏模量；σ 为应力。将式（4-9）和式（4-10）代入式（4-8），则式（4-8）可改写为：

$$\frac{\mathrm{d}R}{R}=\varepsilon+2\mu\varepsilon+K_\pi E\varepsilon=(1+2\mu+K_\pi E)\varepsilon \tag{4-11}$$

上式表明，应变片电阻的相对变化受两个因素影响：$(1+2\mu)\varepsilon$ 项表示受力后几何尺寸变化所引起的电阻变化；$K_\pi E\varepsilon$ 项表示受力后材料电阻率变化所引起的电阻变化。由于金属的压阻系数通常很小，在应力作用下，金属电阻率被认为是一个常数，因此，式（4-11）可简化为：

$$\frac{\mathrm{d}R}{R}\approx(1+2\mu)\varepsilon \tag{4-12}$$

由式（4-12）可以看出，应变片电阻的相对变化与应变成正比，其灵敏度系数 K_{MS} 为：

$$K_{MS}=\frac{\mathrm{d}R/R}{\mathrm{d}l/l}=1+2\mu \tag{4-13}$$

用于制造电阻应变片的大多数金属材料的泊松比为 0.33 左右，因此金属电阻应变片的灵敏度系数近似为 1.66。

金属电阻应变片由金属丝（或金属箔）组成，将细金属丝绕成敏感栅（或将薄金属箔腐蚀成敏感栅）并粘贴在绝缘基片和覆盖层之间制作而成，其结构如图 4-4 所示。

电阻应变片的敏感量是应变，因此电阻应变片可以直接应用，如直接测量齿轮齿根应力、桥梁构架应力等，也可以结合弹性敏感元件形成电阻应变式传感器，通过弹性敏感元件将被测物理量转换为应变，可以测量力、压力、扭矩、位移、质量和加速度等物理量，如应变式压力传感器、应变式称量传感器、应变式位移传感器、应变式加速度传感器等，如图 4-5 所示。应变式传感器精度高、测量范围广，性能稳定，频率响应好，可用于静态测量和动态测量。

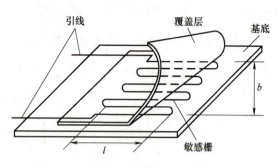

图 4-4 金属电阻应变片结构图

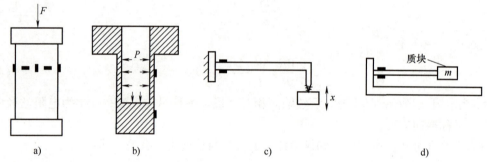

a)　　　　　b)　　　　　c)　　　　　d)

图 4-5 电阻应变式传感器示意图

a) 力传感器 b) 压力传感器 c) 位移传感器 d) 加速度传感器

4.2.2 电容传感器

电容传感器是将被测物理量转换为电容变化的装置，实质上是一个具有可变参数的电容器，如图 4-6 所示。

一个典型的平行板电容器由两个电介质绝缘的极板组成，其电容量为：

$$C = \frac{\varepsilon_0 \varepsilon_r S}{\delta} \tag{4-14}$$

式中，C 是电容量；ε_0 和 ε_r 是真空介电常数和极板间介质的相对介电常数；δ 是极板间距；S 是极板重叠的介电面积。此式表明，δ、S 和 ε_r 的变化会引起

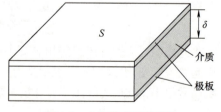

图 4-6 电容传感器的结构

电容的变化，因此可通过保持两个参数不变，改变另一个参数来实现测量。根据可变参数的不同，电容式传感器可分为极距变化型、面积变化型和介质变化型电容传感器。

1. 极距变化型电容传感器

由式（4-14）可知，若两极板相互重叠面积和极间介质不变，则电容量与极板间距呈非线性关系，当极距有微小变化时，电容量变化为：

$$dC = -\varepsilon_0 \varepsilon_r S \frac{d\delta}{\delta^2} \tag{4-15}$$

由此可得传感器的灵敏度为：

$$K_\delta = \frac{dC}{d\delta} = -\varepsilon_0 \varepsilon_r S \frac{1}{\delta^2} \tag{4-16}$$

由式（4-16）可知，灵敏度与极距平方成反比，极距越小，灵敏度越高。由于这种非线性误差会影响其实际应用，通常规定极距变化型电容传感器在极小范围内工作，即 $\Delta\delta/\delta_0 \approx 0.1$，此时传感器输入与输出近似呈线性关系：

$$K_\delta = -\frac{\varepsilon_0 \varepsilon_r S}{(\delta_0 + \Delta\delta)^2} = -\frac{\varepsilon_0 \varepsilon_r S}{\delta_0^2 \left(1 + \dfrac{\Delta\delta}{\delta_0}\right)^2} \approx -\frac{\varepsilon_0 \varepsilon_r S}{\delta_0^2} \tag{4-17}$$

实际应用中，常采用差分结构来提高传感器的灵敏度和线性度，抵抗温度漂移和电压波动，如图 4-7 所示。极距变化型电容传感器的灵敏度高、动态响应快，可进行非接触测量，但由于输出的非线性特性、与传感器配合使用的电子线路复杂等缺点，其适用范围受到一定的限制。

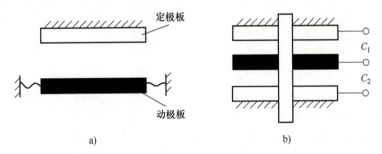

图 4-7　极距变化型电容传感器结构

a）基本结构　b）差分结构

2. 面积变化型电容传感器

面积变化型电容传感器保持极距和极间介质固定不变，通过改变两极板重叠的介电面积来改变电容量。常用的有平面线位移型、圆柱体线位移型和角位移型，如图 4-8 所示。

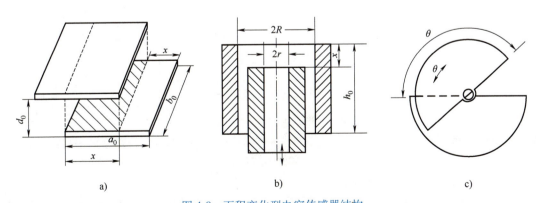

图 4-8　面积变化型电容传感器结构

a）平面线位移型　b）圆柱体线位移型　c）角位移型

对于平面线位移型电容传感器，电容变化量为：

$$dC = -\frac{\varepsilon_0 \varepsilon_r b_0}{d_0} dx \tag{4-18}$$

式中，x 为重叠区域的长度；b_0 为极板宽度。因此，其灵敏度为：

$$K_S = \frac{dC}{dx} = -\frac{\varepsilon_0 \varepsilon_r b_0}{d_0} \tag{4-19}$$

面积变化型电容传感器的输入和输出存在线性关系，与极距变化型电容传感器相比，灵敏度较低，适用于大角位移和直线位移的测量。

3. 介质变化型电容传感器

介质变化型电容传感器的极距和极板重叠面积均不改变，只改变两极板间的介质，如图 4-9 所示。当两极板间介质的种类或其他参数发生改变时，其相对介电常数发生改变，进而引起电容量的变化，从而实现被测量的转换。这种传感器可用于测量电介质的液位或某些材料的厚度、湿度、温度等。

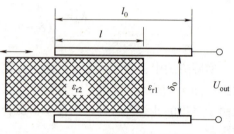

图 4-9 介质变化型电容传感器

4.2.3 电感传感器

电感传感器利用电磁感应原理，将被测量如位移、压力、振动等转化为线圈自感或互感系数的变化，再通过转换电路将其转变为电压或电流，常分为自感式电感传感器、互感式电感传感器和涡流式电感传感器。

1. 自感式电感传感器

自感式电感传感器可分为变气隙型自感式电感传感器、变面积型自感式电感传感器、螺线管型自感式电感传感器和差分式自感式电感传感器。

（1）变气隙型自感式电感传感器 变气隙型自感式电感传感器如图 4-10 所示，它由线圈、铁心和衔铁组成，衔铁与被测物体连接，当被测物体垂直运动时，衔铁和铁心之间的空气隙 δ 发生变化，从而引起空气隙磁阻和线圈电感的变化。

上述磁回路中，当线圈通过电流 I 时，产生磁通量 ϕ 的大小与电流成正比，即

$$N\phi = LI \tag{4-20}$$

式中，N 为线圈匝数；L 为自感。根据磁路欧姆定律：

$$\phi = \frac{E_m}{R_m} = \frac{NI}{R_m} \tag{4-21}$$

式中，E_m 是磁动势；R_m 是磁阻。将式（4-21）代入式（4-20）可得：

$$L = \frac{N\phi}{I} = \frac{N^2}{R_m} \tag{4-22}$$

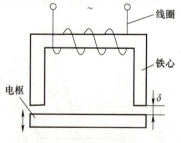

图 4-10 变气隙型自感式电感
传感器结构示意图

对于变气隙型自感式电感传感器，衔铁、铁心、空气隙串联，若忽略磁路损耗，则总磁阻为：

$$R_{\mathrm{m}} = \frac{l_1}{\mu_1 S_1} + \frac{l_2}{\mu_2 S_2} + \frac{2\delta}{\mu_0 S} \tag{4-23}$$

式中，l_1、l_2 和 δ 是铁心、衔铁和空气隙的长度，S_1、S_2 和 S 是铁心、衔铁和气隙的横截面积；μ_1、μ_2 和 μ_0 是铁心、电枢和空气的磁导率。一般情况下，铁心和衔铁的磁阻很小，可以忽略不计，因此总磁阻可近似为：

$$R_{\mathrm{m}} \approx \frac{2\delta}{\mu_0 S} \tag{4-24}$$

将式（4-24）代入式（4-22），则电感为：

$$L = \frac{N^2 \mu_0 S}{2\delta} \tag{4-25}$$

由上式可知，电感 L 与气隙长度 δ 成反比，与气隙横截面积 S 成正比。若固定 S 而改变 δ，电感 L 随气隙长度 δ 呈非线性变化，传感器的灵敏度为：

$$K_\delta = \frac{\Delta L}{\Delta \delta} = -\frac{N^2 \mu_0 S}{2\delta^2} \tag{4-26}$$

灵敏度 K_δ 与空气隙长度的平方 δ^2 成反比，且 δ 越小，灵敏度越高。为改善非线性，空气隙的相对变化量要较小，即 $\Delta\delta \ll \delta_0$，此时 $1 - 2\Delta\delta/\delta_0 \approx 1$，常取 $\Delta\delta/\delta_0 \leq 0.1$，则有：

$$K_\delta = -\frac{N^2 \mu_0 S}{2(\delta_0 + \Delta\delta)^2} \approx -\frac{N^2 \mu_0 S}{2\delta_0^2}\left(1 - 2\frac{\Delta\delta}{\delta_0}\right) \tag{4-27}$$

此时传感器的输出与输入近似呈线性关系，因此变气隙型传感器适用于小位移测量量。

（2）变面积型自感式电感传感器　变面积型自感式电感传感器的结构如图 4-11 所示，当空气隙长度不变时，衔铁的水平移动会改变衔铁与铁心的重叠面积（即磁通量的横截面积），进一步改变自感。这种结构形式的传感器线性较好，量程较大，但灵敏度比变气隙型自感式电感传感器低，其灵敏度为：

$$K_S = \frac{\Delta L}{\Delta S} = \frac{N^2 \mu_0}{2\delta} \tag{4-28}$$

（3）螺线管型自感式电感传感器　螺线管型自感式电感传感器的结构如图 4-12 所示，当衔铁随着被测物体在螺线管内移动时，线圈磁力路径上的磁阻发生变化，线圈自感也随之变化，线圈自感的大小与衔铁进入线圈的长度有关，其关系可表示为：

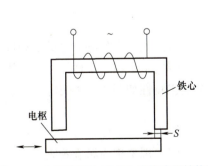

图 4-11　变面积型自感式电感传感器结构图

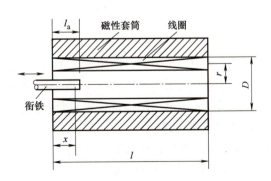

图 4-12　螺线管型自感式电感传感器结构图

$$L=\frac{4\pi^2N^2}{2l^2}\left[lr^2+(\mu_{\mathrm{m}}-1)l_a r_a^2\right] \tag{4-29}$$

式中，l 为线圈长度；r 为线圈的平均半径；N 为线圈匝数；l_a 为衔铁进入线圈的长度；r_a 为衔铁半径；μ_{m} 为铁心的有效磁导率。螺线管型灵敏度较小，但量程大且结构简单，易于制作和批量生产。

（4）差分式自感式电感传感器　实际使用中，常用两个相同的传感器线圈共用一个衔铁，形成差分式自感式电感传感器，如图 4-13 所示。该种传感器要求两个铁心的几何尺寸和材料完全一致，两个线圈的电气参数和几何尺寸完全一致。衔铁移动可以使一个线圈的自感增加，另一个线圈的自感减小，从而形成电感差作为输出。差分结构可以提高传感器的灵敏度，改善非线性，还可以对温度变化、电源频率变化等的影响进行补偿，从而减小外界影响造成的误差。

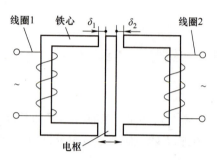

图 4-13　差分式自感式电感传感器

2. 互感式电感传感器

互感式电感传感器是基于电磁感应中的互感现象实现信号转换，其典型结构和工作原理如图 4-14 所示，中间的初级线圈 W 与交流电源 U_1 相连，另外两个次级线圈 W_1 和 W_2 反极性串联，产生的感应电动势为 e_{21} 和 e_{22}，两者之差作为输出。由于该传感器具有差动输出，工作原理与变压器类似，故又称差动变压器。

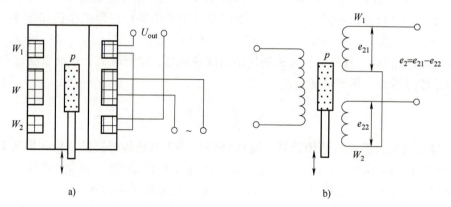

图 4-14　互感式电感传感器结构及工作原理

a）结构示意图　b）工作原理

当铁心位于中心位置时，两边气隙相同，因此两个次级线圈产生的感应电动势相同，即 $e_{21}=e_{22}$，此时输出电压 $e_2=0$；铁心偏离中心位置时，一个线圈的互感增加而另一个线圈的互感减少，因此输出电压随衔铁位移的变大而增加，其输出特性如图 4-15 所示。

3. 涡流式电感传感器

由法拉第电磁感应定律可知，块状金属导体置于变化的磁场中或在磁场中切割磁力线运动时，导体内将产生旋涡状的感应电流，此电流为涡流，以上现象称为涡流效应。

涡流传感器是基于涡流效应原理的传感器，可以对表面为金属导体的物体实现多种物理量的非接触测量，如位移、振动、厚度、转速、零件计数等，也可用于无损探伤。

图 4-16 所示为涡流式电感传感器的工作原理。根据法拉第电磁感应定律，当传感器线圈通以正弦交变电流 I_1，线圈周围空间必然产生正弦交变磁场 H_1，使置于此磁场中的金属导体产生涡流 I_2，I_2 产生新的交变磁场 H_2。根据楞次定律，涡流磁场 H_2 与原磁场 H_1 的变化方向相反，因而会抵消部分原磁场，从而导致传感器线圈的等效阻抗发生变化。

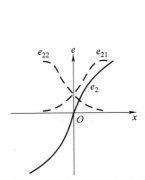

图 4-15　互感式电感传感器的输出特性

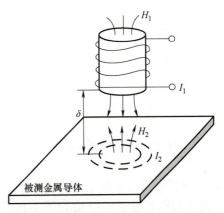

图 4-16　涡流式电感传感器的工作原理

由上可知，线圈阻抗的变化取决于被测物体的电阻率 ρ、磁导率 μ、线圈与导体的距离 δ 以及线圈中激励电流的频率 f。改变其中某一因素时，可达到一定的变换目的。例如，当 δ 改变，可用于测量位移和振动；当 ρ 或 μ 改变，可用于材质鉴别或探伤。

4.2.4　磁电传感器

磁电传感器是一种将被测物理量转换为感应电动势的传感器。根据法拉第感应定律，任何闭合回路中感应电动势的大小等于通过该回路磁通量的变化率，即

$$e = -N\frac{\mathrm{d}\phi}{\mathrm{d}t} \tag{4-30}$$

式中，e 是感应电动势；N 是线圈的匝数；ϕ 是通过线圈的磁通量；t 是时间。感应电动势与线圈匝数和磁通变化率有关，磁通变化率受磁场强度、磁路磁阻、线圈运动速度等因素的影响。磁电式传感器可分为动圈式磁电传感器和磁阻式磁电传感器。

1. 动圈式磁电传感器

动圈式磁电传感器分为线速度型和角速度型，如图 4-17 所示。

对于线速度型磁电式传感器，线圈和在磁场中直线运动时产生的感应电动势为：

$$e = NBlv\sin\theta \tag{4-31}$$

式中，B 是磁场磁感应强度；l 是单匝线圈的长度；N 是线圈有效匝数；v 是线圈和磁场之间的相对运动速度；θ 是线圈运动方向与磁场方向的夹角，通常为 $\pi/2$，式（4-31）一般写为：

$$e = NBlv \tag{4-32}$$

特定传感器的 N、B、l 为定值，因此感应电动势与相对运动速度成正比。

对于角速度型磁电传感器，线圈和在磁场中转动时产生的感应电动势为：

$$e = NBS\omega\sin(\omega t) \tag{4-33}$$

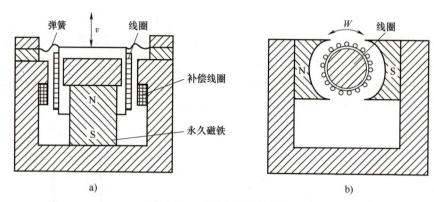

图 4-17 动圈式磁电传感器
a）线速度型 b）角速度型

式中，S 是线圈面积；ω 是转速，当 N、B、S 为定值时，感应电动势与线圈转动的角速度成正比。

2. 磁阻式磁电传感器

磁阻式磁电传感器的结构如图 4-18 所示，可以用于测量平移和转速等。测量过程中，磁阻式磁电传感器固定不动，被测物体的运动使磁路磁阻改变，从而在线圈中产生感应电动势。感应电动势的大小与传感器和被测物体之间的相对运动速度 v 及传感器工作面和被测物体之间的距离 δ 有关，即 $e = f(v, \delta)$。

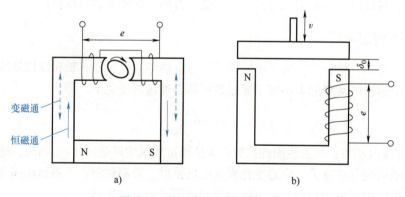

图 4-18 磁阻式磁电传感器结构

4.3 物性型传感器

物性型传感器是不改变结构参数而依靠敏感元件材料本身物理性质的变化来实现信号变换的装置，主要分为半导体应变片、压电式传感器、光电式传感器、霍尔式传感器。

4.3.1 半导体应变片

半导体应变片是一种用于测量物体的力或压力的电子传感器，它使用半导体材料的压阻效应制成，以测量传感器所受到的应变并通过电阻变化转换成电信号输出。<u>压阻效应是指半</u><u>导体材料沿晶轴方向受到应力时，其电阻率发生变</u><u>化的现象</u>。半导体应变片的典型结构如图 4-19 所示。

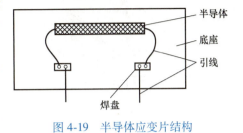

图 4-19　半导体应变片结构

对于半导体材料，电阻率对应变片电阻的影响更为明显，式（4-11）可简化为：

$$\frac{\mathrm{d}R}{R} \approx K_\pi E\varepsilon \qquad (4\text{-}34)$$

半导体应变片的灵敏度为：

$$K_{MS} = \frac{\mathrm{d}R/R}{\mathrm{d}l/l} = K_\pi E \qquad (4\text{-}35)$$

半导体应变片的特点是灵敏度高、测量范围大、频响范围宽，但是存在温度稳定性差、抗干扰能力较弱等缺点，并且在较大应变作用下非线性误差大。

4.3.2　压电式传感器

压电式传感器是以压电材料的压电效应为基础，通过压电元件将外力转换为电荷量的装置。

对于某些单晶体或多晶体，沿一定方向施加外力使其变形，晶体内部会产生极化，并在两个对应晶面上产生等量异向电荷，外力取消后，电荷也消失，晶体重新恢复不带电状态，这种将机械能转换为电能的现象称为正压电效应。作用力的方向改变时，电荷的极性也随之改变。相反，当在晶体的极化方向上施加电场作用时，这些晶体会产生机械变形，外加电场消失，变形也随之消失，这种电能转换为机械能的现象称为逆压电效应，又称电致伸缩现象。具有压电效应的物质称为压电材料或压电元件，常见的压电材料有石英晶体和各种压电陶瓷材料。

压电元件是力敏感元件，可以测量最终转换为力的非电量。压电元件的两个工作面覆有金属膜，相当于电极，当压电元件承受沿敏感轴方向的外力作用时，两个电极上会产生数量相同、极性相反的电荷，如图 4-20 所示。因此，压电元件等效于一个电荷发生器，产生的电荷量为：

$$q = dF \qquad (4\text{-}36)$$

式中，d 为压电常数；F 为作用力。当压电元件表面聚集电荷，又等效于一个以压电材料为介质的平行板电容器，两电极板间的电容量为：

$$C = \frac{\varepsilon_0 \varepsilon_r S}{\delta} \qquad (4\text{-}37)$$

式中，ε_0 为真空介电常数；ε_r 为压电材料相对介电常数；δ 为极距；S 为压电元件工作面面积。

在实际的压电式传感器中，常将多个压电元件通过串联或并联的方式相互连接在一起，如图 4-21 所示。并联时，两个压电元件的负电荷集中在中间极板上，正电荷集中在两侧极板上，因此电容和电荷增大，时间常数也增大，适用于压电元件输出电荷以及测量低频信号的场合。串联时，正电荷集中在上极板，负电荷集中在下极板，电容和电荷变小，时间常数减小，感应电压较大，适用于压电元件输出电压以及测量高频信号和测量信号的输入阻抗较高的场合。

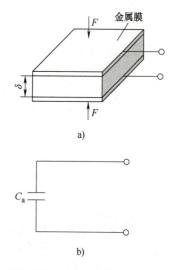

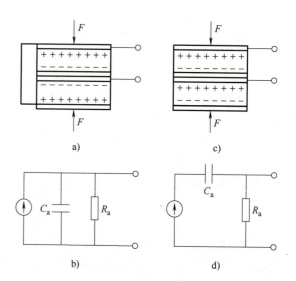

图 4-20　压电元件与等效电路　　　　　　图 4-21　压电元件的并联和串联

a）压电元件　b）压电元件等效电路　　　　a）并联　b）等效电荷源　c）串联　d）等效电压源

由于压电效应是一种力—电荷变化，因此压电式传感器常用于测量动态力、振动加速度等动态参数，以及声学、声发射和几何量等，图 4-22 是压电式加速度传感器和压电式测力传感器的结构示意图。压电式传感器具有体积小、质量轻、频响高、信噪比大等特点，由于没有运动部件，其结构坚固，可靠性和稳定性高。

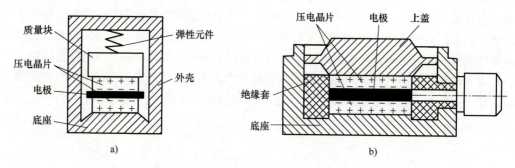

图 4-22　压电式加速度传感器和压电式测力传感器结构示意图

a）压电式加速度传感器　b）压电式测力传感器

4.3.3　光电式传感器

光电式传感器是基于光电效应的装置。光电效应是指光束照射物体时会使其发射出电子的物理效应，通常分为三类：在光线作用下，使粒子逸出物体表面的现象称为外光电效应，如光电管、光电倍增管和光电摄像管等都是基于外光电效应的电子元件；在光线作用下使物体电阻率发生变化的现象称为内光电效应，如光敏电阻、光敏二极管、光敏晶体管等属于这类光电元件；在光线作用下使物体产生一定方向电动势的现象称为光生伏特效应，基于该效应的有光电池。

使用光电式传感器测量非电量时，需先将非电量变化转换为光量变化，再通过光电元件将光量变化转换为电量变化。光电式传感器响应速度快、结构简单，并且具有较高的可靠性。

1. 光电管

光电管的典型结构如图 4-23 所示。金属阳极和阴极封装于玻璃壳内，当入射光照射在阴极板上时，光子的能量传递给阴极表面的电子，当电子获得的能量足够大时，电子就可以克服金属表面对它的束缚（称为逸出功）而逸出金属表面，形成电子发射，这种电子称为"光电子"。

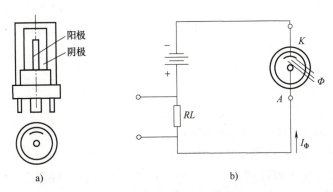

图 4-23　光电管结构及电路

a）光电管结构示意图　b）光电管电路

当光电阳极施加不同的电压时，阴极表面逸出的电子被正极电压的阳极吸引，在光电管中形成电流。光电流正比于光电子数，而光电子数又正比于光照度。

2. 光敏电阻

光敏电阻的结构和工作原理如图 4-24 所示。光敏电阻由半导体制成，在半导体光敏材料的两端装上电极引线，将其封装在带有透明窗的管壳，就构成了光敏电阻，为增加灵敏度，两电极常做成梳状。没有光照时，光敏电阻的暗电阻较大，通常大于 $1M\Omega$；光敏电阻受到一定强度的光照时，会吸收能量并释放电子，产生使电阻率变小的电子-空穴对，光照越强，电子-空穴对越多，阻值越低；若入射光消失，电子-空穴对逐渐愈合，电阻也逐渐恢复原值。

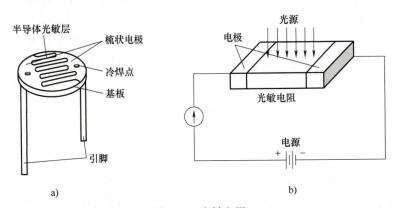

图 4-24　光敏电阻

a）结构示意图　b）工作原理图

光敏电阻的体积小，质量轻，灵敏度高，具有很好的光谱特性和光谱响应，但受温度影响较大，温度上升时，暗电阻减小，灵敏度下降。

3. 光电池

作为自发电型传感器，光电池可以将入射光能量转换为电压和电流，用于检测光的强弱变化和能引起光强变化的其他非电量，图 4-25 为光电池的工作原理图。P 型半导体内有过剩的空腔，N 型半导体内有过剩的电子，两者结合时，N 型区的电子向 P 型区扩散，P 型区的空穴向 N 型区扩散，由此导致 N 型区失去电子带正电，P 型区失去空穴带负电，并形成一个内电场，称为 PN 结。当入射光的能量足够大时，P 型区每吸收一个光子就产生一个光生电子-空穴对，光生电子-空穴对的浓度从表面向内部迅速扩散，而内电场使扩散到 PN 结附近

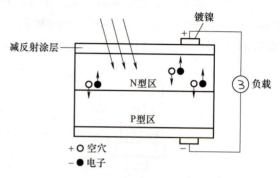

图 4-25　光电池工作原理

的电子-空穴对分离，电子被拉到 N 型区，空穴被推向 P 型区，使得 N 型区带负电，P 型区带正电。如果光照是连续的，经过短暂的时间建立新平衡后，PN 结两侧就有一稳定的光生电动势。

4.3.4　霍尔式传感器

如图 4-26 所示，在半导体薄片两端通以控制电流 I，并在薄片的垂直方向施加磁感应强度为 B 的磁场，则在垂直于电流和磁场的 cd 方向上将产生电势差为 U_H 的霍尔电压，即

$$U_H = R_H I B \sin\alpha \tag{4-38}$$

式中，R_H 为霍尔系数；α 为电流与磁场方向的夹角。

这种效应称为霍尔效应，根据霍尔效应制成的元件称为霍尔元件。

霍尔电压、电流和磁场成正比，因此可以用霍尔元件来测量电流、磁场以及它们的乘积。然而，霍尔电压很小，因此实用的霍尔传感器是一种由霍尔元件和放大器电路、温度补偿电路等组成的集成传感器。

霍尔式传感器广泛应用于压力、转速、振动等参数的测量，图 4-27 所示为霍尔式传感器测量转速的示意图。铁磁性材料会增强霍尔传感器附近的磁场，因此物体转动时可以使用霍尔开关传感器得到周期性脉冲信号，提取脉冲周期可以计算转速。

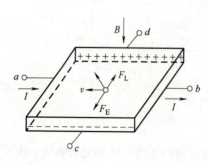

图 4-26　霍尔效应

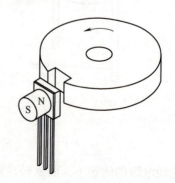

图 4-27　霍尔式传感器测量转速原理

4.4　新型传感器

4.4.1　图像传感器

图像传感器，又称感光传感器，是将光学图像转换成电信号的装置。图像传感器有两种类型：CCD（电荷耦合器件）和 CMOS（互补金属氧化物半导体）。CMOS 具有功耗低、成本低、速度快等优点，而 CCD 技术成熟，图像噪声小，成像质量高。图像传感器可看作是一个具有位置信息的光学传感器阵列，广泛应用于数码相机、扫描仪、物体检测、缺陷检测和工业控制等领域。

CCD 的基本感光单元是金属氧化物半导体电容器 MOS，MOS 由 P 型硅衬底、二氧化硅层和金属栅电极组成，可将入射光转换为电荷并将其收集起来。在曝光时间内，MOS 的硅衬底不断产生电荷，曝光完成后，积累的电荷形成电荷包，电荷包在外加电压的作用下被转移到邻近的垂直移位寄存器中，并被垂直移位寄存器向下转移到水平移位器，最终电荷包通过电荷电压转换器（CVC）和模数转换器（ADC）转换成电压，形成可以显示的数字图像，如图 4-28 所示。

图 4-29 是 CMOS 图像传感器示意图，CMOS 图像传感器每个像素都集成有光电探测器和放大器，产生的电荷在每个像素内被放大为电压，并通过紧凑、节能的微型电线读取像素的输出。

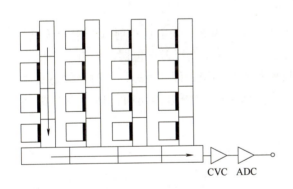

图 4-28　CCD 示意图

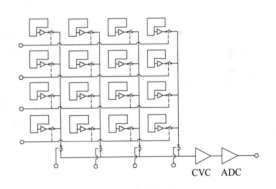

图 4-29　CMOS 图像传感器示意图

无论是 CCD 还是 CMOS，都只能感知光的强度而没有颜色信息。为了获得彩色图像，可以在感光区上方放置滤色片，并且将像素分为四个像素的组。对于每个组，两个像素对绿色敏感，一个像素对红色敏感，一个像素对蓝色敏感，由此得到红、绿、蓝三种颜色的滤波图像。最后，将滤波后的图像叠加，可以重建出原始的彩色图像，该图像又称为 RGB 图像。

4.4.2　光纤传感器

光纤是由两种或两种以上折射率不同的透明材料通过特殊复合技术制成的复合纤维，每一根光纤由一个圆柱形内芯和保护层组成，而且纤芯的折射率略大于保护层的折射率。根据斯涅尔定律,当光由折射率为 n_1 的光密物质(折射率大)出射至折射率为 n_2 的光疏物质(折射率小)时,会发生折射,并且折射角 θ_2 大于入射角 θ_1,即

$$n_1\sin\theta_1 = n_2\sin\theta_2 \tag{4-39}$$

随着入射角的增大,折射角也增大,且始终保持 $\theta_2>\theta_1$。$\theta_2 = 90°$ 时,θ_1 仍小于 $90°$,此时出射光线沿界面传播,该状态为临界状态,临界角 θ_C 为:

$$\sin\theta_C = \frac{n_2}{n_1}$$

$$\theta_C = \arcsin\frac{n_2}{n_1} \tag{4-40}$$

$\theta_1>\theta_C$ 时,$\theta_2>90°$ 便会发生全反射,此时出射光不发生折射而全反射回来,如图 4-30c 所示。

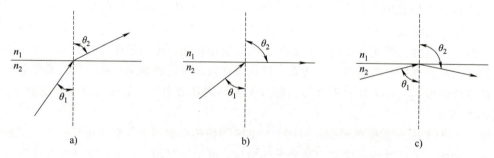

图 4-30 光线在物质分界面上的传播(一)

a) $\theta_1<\theta_C$ b) $\theta_1\approx\theta_C$ c) $\theta_1>\theta_C$

如图 4-31 所示,入射光线 AB 与纤维轴线 OO' 的夹角为 θ_i,入射后折射(折射角为 θ_j)至纤芯与保护层界面的 C 点,与 C 点界面法线成 θ_k,并在 C 点折射至包层。θ_i 有一个极大值 θ_{max},在此角度下,光线 BC 将以临界角 θ_C 投射到光纤内壁,即 $\theta_k = \theta_C$,此时光线每次碰到纤芯和保护层的交界面时都会发生全反射,以锯齿形路径在纤芯内向前传播,并以 θ_i 从光纤尾端射出。由斯涅尔定律可推出临界角为:

$$\sin\theta_{max} = \frac{1}{n_0}\sqrt{n_1^2-n_2^2} = NA \tag{4-41}$$

式中,NA 定义为数值孔径,它是系统集光性能的量度。NA 值越大,可以在越大的入射角范围内进行集光。

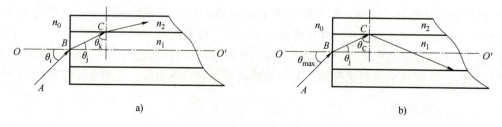

图 4-31 光线在物质分界面上的传播(二)

a) $\theta_i<\theta_{max}$ b) $\theta_i>\theta_{max}$

光纤传感器主要由光源、光纤、光检测器和附加装置等组成，是一种以光学量转换为基础的传感器，其工作原理是将光源产生的光经光纤引导送入调制器，在调制器内与被测物理量相互作用，改变光的某些性质，如光的强度、波长、频率、相位、偏振态等，已调光信号再经光纤送入光检测器解调获得被测量。

根据光受被测对象的调制形式，光纤传感器可分为以下 4 种不同的调制形式：①利用被测物理量的变化引起敏感元件的折射率、吸收率或反射率等参数的变化，光强度变化实现敏感测量的强度调制光纤传感器；②利用光偏振态的变化传递被测对象信息的偏振调制光纤传感器，例如利用光纤的双折射性构成的温度、压力、振动等传感器；③利用由被测对象引起光频率的变化进行监测的频率调制光纤传感器，如利用光致发光的温度传感器等；④利用被测对象对敏感元件的作用，使敏感元件的折射率或传播常数发生变化，导致光的相位发生变化，然后用干涉仪检测这种相位变化而得到被测对象信息的相位调制光纤传感器。

4.4.3　光栅传感器

光栅传感器是光电传感器的一种，主要由光源、光电探测器、标尺光栅和指示光栅构成，如图 4-32 所示。常用的光栅是在光学玻璃上刻出大量平行刻线，刻线为不透光部分，称为栅线，两刻线之间可透光，相当于一条狭缝，称为栅缝。一般情况下，栅线宽度和栅缝宽度相同。通常，指示光栅较短，并且具有与标尺光栅相同的栅距（即狭缝中心到相邻狭缝中心的距离，等于栅线宽度 a 与栅缝宽度 b 之和，即 $W=a+b$）。测量过程中，标尺光栅处于静止状态，指示光栅随被测物体移动。光栅传感器是通过莫尔条纹、光电转换等环节将位移量转换为电量。

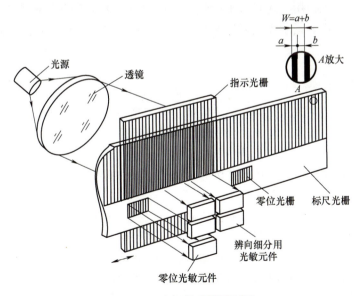

图 4-32　光栅传感器原理图

当标尺光栅和指示光栅以一定的角度 θ 重叠时，会形成如图 4-33a 所示的莫尔条纹，若改变 θ 角，莫尔条纹的宽度 B 也随之改变，其关系为：

$$B = \frac{W}{2\sin(\theta/2)} \approx \frac{W}{\theta} \qquad (4\text{-}42)$$

由此可见，当两光栅间的夹角发生改变时，莫尔条纹的宽度也随之改变，θ 越小，B 越大，因此光栅具有放大作用，可通过测量条纹宽度的变化来检测微小位移和微小转动。当指示光栅沿 x 轴从左向右移动时，莫尔条纹的亮带和暗带（$h\text{-}h$ 线和 $g\text{-}g$ 线）将自上而下不断掠过光敏元件。光敏元件"观察"到莫尔条纹的光强变化及输出的电压信号波形近似于按正弦规律变化，如图 4-33c 所示。指示光栅每移动一个栅距 W，则光敏元件上输出的电压信号变化一个周期；记录光敏元件"观察"光强变化的次数，即可知道指示光栅产生的位移。

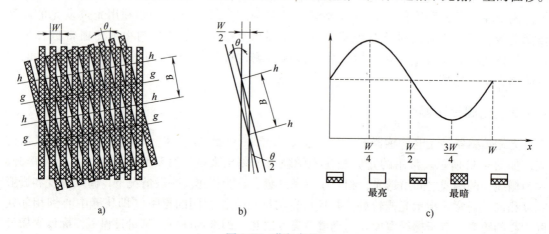

图 4-33 莫尔条纹

a）莫尔条纹 b）莫尔条纹宽度与夹角的关系 c）光栅光强变化与输出信号的关系

莫尔条纹除了放大作用，还具有平均效应。莫尔条纹由光栅的大量刻线共同形成，光敏元件接收的光信号是进入指示光栅视场两光栅线条总数的综合平均效果，因此可以减小光栅的局部或周期误差。

4.4.4 生物传感器

生物传感器是将生物识别元件与传统物理传感器相结合，将生物化学量转化为光、热等物理量，进而转化为电信号的装置。生物传感器发展迅速，广泛应用于生物医学研究、环境监测、食品安全等领域，如人体血糖血氧监测、污染物在线监测、食品成分测定分析。根据生物元件的相互作用原理，生物传感器可分为酶传感器、微生物传感器和免疫传感器等。

1. 酶传感器

酶是生物体产生的具有催化能力的蛋白质，可以在一定条件下使底物分解，是生物传感器最常用的生物识别元件。酶具有高度专一性，只能作用于某种底物，所以可以选择性地测定某种成分。此外，酶是水溶性物质，在高温和酸性环境下会失活，因此酶不能直接用于传感器，需要合适的载体为酶形成水不溶性层，且在合适的环境下进行催化。酶传感器由固定化酶膜和基础电极组成，酶电极的设计主要考虑酶催化过程产生或消耗的电极活性物质。常见的酶传感器有葡萄糖传感器，可用于糖尿病患者的血糖监测。

2. 微生物传感器

微生物传感器的工作原理与酶传感器相似，区别主要是微生物传感器利用了微生物膜。

微生物传感器可分为需氧型微生物传感器和厌氧型微生物传感器两种，前者利用微生物呼吸活性增加时，耗氧量随之增加的特点，通过氧电极或二氧化碳电极测定呼吸活性来计算底物浓度，而后者利用微生物吸收被测有机物后会产生各种代谢物的特点，通过检测代谢产物浓度来推断底物浓度。相对于酶传感器，微生物传感器使用稳定并且成本更低。

3. 免疫传感器

酶传感器和微生物传感器主要用于测量低分子有机物，对高分子有机物的检测效果较差。利用抗体和相应抗原的特异性识别和结合功能，可以构建对蛋白质、多糖等聚合物具有高选择性的免疫传感器。该传感器有两种，一是非标记免疫传感器，即直接将抗原或抗体固定于金属电极表面，当电极上的固定化抗原（或抗体）与待测抗体（或抗原）相遇时，即于电极表面发生免疫反应，由于抗体是带电荷的蛋白质，因此，通过测量免疫反应前后膜电位的变化，即可测算出标本的抗体（或抗原）量。二是标记免疫传感器，是在待测非标记抗原样品中引入以酶、红细胞、放射性同位素等为标记的标记抗原，通过标记抗原和未标记待测抗原与抗体竞争结合形成复合物，根据复合物中标记抗原的变化来推断未标记抗原的数量。

4.5　传感器选型

传感器是测试系统的重要组成部分，其选择将直接影响测试系统的性能。然而传感器种类繁多，使用要求各异。因此，如何根据测试目的和实际条件，合理选用传感器是测试工作中的重要问题。

选用传感器的基本原则是选用传感器的性能应与被测信号的性质相匹配，因此需要考虑被测信号的时域特性和频域特性，并根据技术领域、对象特性、测量方式、环境干扰等大致确定传感器类型，并考虑以下方面：

1. 灵敏度与量程范围

传感器的灵敏度越高，所能感知的变化量越小，即被测量稍有微小变化时，传感器就有较大的输出，但与测量信号无关的外界干扰也越容易混入。因此，传感器需具有较高的信噪比，即传感器本身噪声小，且不易从外界引入干扰。

传感器的量程范围与灵敏度紧密相关。输入量增大时，除非有专门的非线性校正措施，传感器不应进入非线性区域工作，更不能进入饱和区域工作。对于较强噪声下进行的测试工作，被测信号叠加干扰信号后也不应进入非线性区域。

2. 线性范围

任何传感器都有一定的线性范围，在线性范围内输出与输入成比例关系。线性范围越宽，传感器的工作量程越大。为保证测试精确度，传感器必须在线性区域内工作。例如测力弹性元件，其材料的弹性极限是决定测力量程的基本因素，超过弹性极限时将产生线性误差。但是任何传感器都不可能保证其绝对线性，通常在许可限度内可以在其近似线性区域内使用。因此，选用传感器时必须考虑被测物理量的变化范围，令其线性误差在允许范围内。

3. 响应特性

传感器的响应特性是在所测频率范围内尽量保持不失真测量。但实际传感器的响应总有一定的延迟，为保证测量不失真，延迟时间越短越好。

通常基于压电效应等的物性型传感器响应较快，工作频率范围宽，而结构型传感器受结构特性和机械系统惯性的限制，其固有频率低，工作频率较低。动态测试时传感器的响应特性对测试结果有直接影响，因此要充分考虑被测物理量的变化特点（如稳态、瞬态、随机等）。

4. 稳定性

传感器的稳定性是传感器长时间使用后，其输出特性不发生变化的性能，传感器超过使用期应及时进行标定。在工业自动化系统或自动检测系统中，传感器往往在比较恶劣的环境下工作，灰尘、油污、温度和振动等干扰严重，因此需考虑稳定性。

5. 精确性

传感器的精确度表示传感器的输出与被测物理量一致的程度。传感器处于测试系统的输入端，因此，传感器能否真实反映被测值对整个测试系统有直接影响。然而，传感器的精确度也并非越高越好，还应考虑经济性。

传感器精确度越高，价格就越昂贵。因此应从实际出发。首先应了解测试目的，判定是定性分析还是定量分析。如果是属于定性试验研究，只需获得相对比较值，可以适当降低精度要求。如果是定量分析，则必须获得精确值，因此要求传感器有足够高的精确度。

习 题

4-1　选用传感器的基本原则是什么？如何在实际工作中应用这些原则？试举例说明。

4-2　金属电阻应变片和半导体应变片在工作原理上有何区别？各有何优缺点？应如何针对具体情况选用？

4-3　自感型电感传感器的灵敏度与哪些因素有关？提高灵敏度可采取哪些措施？

4-4　试用某种传感器设计一种测量电动机转速的原理方案，并加以简要说明。

4-5　光电传感器包含哪几种类型？各有何特点？光电式传感器可以测量哪些物理量？

4-6　什么是霍尔效应？其物理本质是什么？用霍尔元件可测哪些物理量？请举三个例子说明。

4-7　有一批涡轮机叶片，需检测是否有裂纹，请列举两种方法，并阐明所用传感器的工作原理。

4-8　把一个变阻器式传感器按题图 4-1 接线，它的输入量和输出量是什么？在什么条件下输出量与输入量有较好的线性关系？

4-9　有一电容传感器，其圆形极板半径 $r=4\text{mm}$，工作初始间隙 $\delta_0=0.3\text{mm}$，问：①工作时，如果传感器与工件的间隙变化量 $\Delta\delta=\pm1\mu\text{m}$，电容变化量是多少？②如果测量电路的灵敏度 $K_1=100\text{mV/pF}$，读数仪表的灵敏度 $K_2=5$ 格/mV，$\Delta\delta=\pm1\mu\text{m}$ 时，读数仪表的指示值变化多少格？

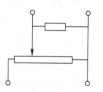

题图 4-1　变阻器式传感器

4-10　电阻应变片 $R=120\Omega$，灵敏度 $K=2$，粘贴在轴向拉伸试件的表面，应变片轴线与试件轴线平行。试件材料的弹性模量 $E=2\times10^5\text{MPa}$。若加载到应力 $\sigma=300\text{MPa}$，应变片的阻值变化多少？如将此应变片贴于弹性变形较大的试件，应变从 0 增加到 $5000\mu\varepsilon$，应变片电阻值变化是多少？（注：$\mu\varepsilon$ 为微应变）

第 5 章　信号调理与显示

5.1　概述

　　测试系统的一个重要环节是信号的调理和转换。被测物理量经传感器后，输出信号通常是很微弱的信号，或者是非电压信号，如电阻、电容、电感、电荷、电流等参量，这些微弱信号或非电压信号往往不能直接用于仪表显示、数据传输和处理，而且有些信号本身还携带噪声，因此，经传感器输出的信号要根据具体要求进行信号幅值、传输特性及抗干扰能力等特性的调理，把信号转换成更便于处理、接收和显示的形式，方便后续环节处理。

5.2　桥式电路

　　电桥是将电阻、电感、电容等参量的变化转变为电压或电流输出的一种测量电路，其输出既可以用指示仪表直接测量，也可以送入放大器放大。由于桥式测量电路简单可靠，且具有较高的精确度和灵敏度，因此广泛应用于测量装置。
　　按激励电源的类型电桥可分为直流电桥和交流电桥；按工作方式可分为偏值法（不平衡电桥）和零值法（平衡电桥）两种。

5.2.1　直流电桥

1. 直流电桥的平衡条件

　　图 5-1 所示为直流电桥的基本形式。以电阻 R_1、R_2、R_3、R_4 作为电桥的四个桥臂，电桥的对角点 a、c 两端接入直流电源 U_i，b、d 两端输出电压 U_o。

　　当电桥输出端 b、d 连接阻抗较大的仪表或放大器时，其输出端相当于开路，电流输出为零，只有输出电压。桥路电流为：

$$I_1 = \frac{U_i}{R_1 + R_2} \tag{5-1}$$

$$I_2 = \frac{U_i}{R_3 + R_4} \tag{5-2}$$

a、b 和 a、d 之间的电位差分别为：

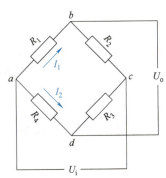

图 5-1　直流电桥的基本形式

$$U_{ab} = I_1 R_1 = \frac{R_1}{R_1 + R_2} U_i \qquad (5\text{-}3)$$

$$U_{ad} = I_2 R_4 = \frac{R_4}{R_3 + R_4} U_i \qquad (5\text{-}4)$$

电桥的输出电压 U_o 为：

$$U_o = U_{ab} - U_{ad} = \left(\frac{R_1}{R_1 + R_2} - \frac{R_4}{R_3 + R_4} \right) U_i = \frac{R_1 R_3 - R_2 R_4}{(R_1 + R_2)(R_3 + R_4)} U_i \qquad (5\text{-}5)$$

若使电桥输出为零，应满足：

$$R_1 R_3 = R_2 R_4 \qquad (5\text{-}6)$$

式（5-6）即为直流电桥的平衡条件。只要电桥中两相对桥臂的电阻值乘积相等，电桥就可以达到平衡而没有电压输出。

2. 直流电桥的连接方式及灵敏度计算

测试技术中，根据工作中电阻值参与变化的桥臂数，电桥可分为半桥单臂连接、半桥双臂连接和全桥式连接，如图 5-2 所示。

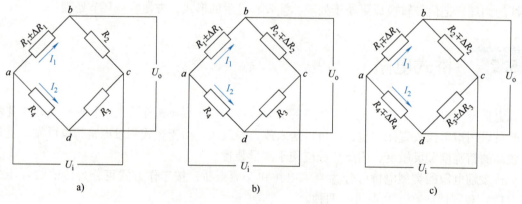

图 5-2　直流电桥的连接方式
a）半桥单臂　b）半桥双臂　c）全桥式

图 5-2a 所示为半桥单臂连接，电桥只有一个桥臂的电阻值随被测量的变化而变化。设该电阻为 R_1，产生的电阻变化量为 ΔR_1，输出电压为：

$$U_o = \left(\frac{R_1 + \Delta R_1}{R_1 + \Delta R_1 + R_2} - \frac{R_4}{R_3 + R_4} \right) U_i \qquad (5\text{-}7)$$

为了简化桥路以及得到最大的电桥灵敏度，设计时往往取相邻两桥臂电阻相等，即 $R_1 = R_2$、$R_3 = R_4$。若 $R_1 = R_2 = R_3 = R_4 = R$，则上式可简化为：

$$U_o = \frac{\Delta R_1}{4R + 2\Delta R_1} U_i \qquad (5\text{-}8)$$

一般情况下，桥臂阻值的变化远小于其电阻值，则可进一步简化为：

$$U_o \approx \frac{\Delta R_1}{4R} U_i \qquad (5\text{-}9)$$

由上可见，电桥的输出电压 U_o 与激励电压 U_i 成正比，并且在 U_i 一定的条件下，U_o 与工作桥臂的阻值变化量 $\Delta R/R$ 呈线性关系。

图 5-2b 所示为半桥双臂连接，电桥有两个工作桥臂（一般为相邻桥臂）的电阻值随被测量的变化而变化，而其他桥臂是固定电阻。假设桥臂电阻 $R_1 = R_2 = R_3 = R_4 = R$，工作桥臂阻值的变化量 $\Delta R_1 = \Delta R_2 = \Delta R$，但变化方向相反，由式（5-5）可得电桥的输出电压为：

$$U_o \approx \frac{\Delta R}{2R} U_i \tag{5-10}$$

图 5-2c 所示为全桥式连接，四个桥臂的电阻值都随被测量的变化而变化。假设 $R_1 = R_2 = R_3 = R_4 = R$、$\Delta R_1 = \Delta R_2 = \Delta R_3 = \Delta R_4 = \Delta R$，由式（5-5）可得电桥的输出电压为：

$$U_o \approx \frac{\Delta R}{R} U_i \tag{5-11}$$

电桥的灵敏度定义为：

$$S = \frac{U_o}{\Delta R/R} \tag{5-12}$$

由式（5-9）~式（5-12）可知，半桥单臂电桥的灵敏度为 $U_i/4$；半桥双臂电桥的灵敏度为 $U_i/2$；全桥的灵敏度为 U_i。显然，电桥接法不同，灵敏度也不同。半桥双臂连接形式的灵敏度是半桥单臂的两倍，全桥连接形式的灵敏度是半桥单臂的四倍。

3. 电桥的和差特性

假设电桥各桥臂电阻都发生变化，阻值的变化量分别为 ΔR_1、ΔR_2、ΔR_3、ΔR_4，由式（5-5）可知，电桥的输出电压为：

$$U_o = \frac{(R_1+\Delta R_1)(R_3+\Delta R_3)-(R_2+\Delta R_2)(R_4+\Delta R_4)}{(R_1+\Delta R_1+R_2+\Delta R_2)(R_3+\Delta R_3+R_4+\Delta R_4)} U_i \tag{5-13}$$

将上式展开，并假设各桥臂的初始值相等，即 $R_1 = R_2 = R_3 = R_4 = R$，且忽略 ΔR 的高次项，上式可写成：

$$U_o = \frac{1}{4}\left(\frac{\Delta R_1}{R} - \frac{\Delta R_2}{R} + \frac{\Delta R_3}{R} - \frac{\Delta R_4}{R}\right) U_i \tag{5-14}$$

桥臂阻值的变化对输出电压的影响规律称为电桥的和差特性，由式（5-14）可以看出：

1）相邻桥臂阻值变化所引起的输出电压为该两桥臂各阻值变化产生的输出电压之差。

2）相对桥臂阻值变化所产生的输出电压为该两桥臂各阻值变化产生的输出电压之和。

4. 直流电桥的误差及其补偿方法

直流电桥测量的误差主要来源于非线性误差和温度误差。

当电桥采用半桥单臂接法，电桥的输出电压近似正比于 $\Delta R/R$，实际上，考虑测量误差时，电桥的输入与输出不再是线性关系，即输出电压是存在非线性误差。减小非线性误差可采用差动电桥，即半桥双臂连接法和全桥连接法。差动电桥不仅消除了非线性误差，而且电压灵敏度也比半桥单臂连接法时分别提高至 2 倍和 4 倍，同时还起到温度补偿的作用。电阻应变片采用差动接法可以使电桥工作桥臂中的电流不随 ΔR 的变化而变化，或者尽量减少变化。因此，如果采用平衡电桥，也能减小非线性误差，如图 5-3 所示。

若被测量等于零，电桥处于平衡状态，此时指示仪表 G 及可调电位器 H 指零。当某一桥臂随被测量变化，电桥失去平衡。调节电位器 H，改变电阻 R_5 的触点位置，可使电桥重新平衡，电表 G 指针归零。电位器 H 上的标度与桥臂电阻值的变化成比例，故 H 的指示值可直接表达被测量的数值。由于这种测量方法电表 G 始终指在零位，因此称为"零位测量法"。

由于平衡电桥的输出始终为零，因此测量误差与电桥电压无关，而取决于可调电位器的精度。在 X-Y 记录仪中，常用伺服电动机来调整电位器的位置，以实现自动调节平衡。

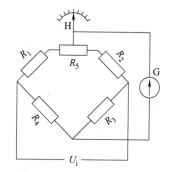

图 5-3　平衡电桥

5.2.2　交流电桥

1. 交流电桥的平衡条件

交流电桥的电路结构与直流电桥相似，不同的是，交流电桥采用交流电源激励，电桥的四个臂可以是电感、电容或电阻。交流电桥如图 5-4 所示，Z_1、Z_2、Z_3 和 Z_4 表示四个桥臂的交流阻抗。

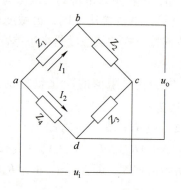

图 5-4　交流电桥

交流电桥平衡条件分析与直流电桥相似，输出电压为：

$$u_o = \frac{Z_1 Z_3 - Z_2 Z_4}{(Z_1 + Z_2)(Z_3 + Z_4)} u_i \tag{5-15}$$

桥路平衡条件为：

$$Z_1 Z_3 = Z_2 Z_4 \tag{5-16}$$

各阻抗用复数表示为：

$$Z_1 = Z_{01} e^{j\varphi_1}, Z_2 = Z_{02} e^{j\varphi_2}, Z_3 = Z_{03} e^{j\varphi_3}, Z_4 = Z_{04} e^{j\varphi_4}$$

代入式（5-16）可得：

$$Z_{01} Z_{03} e^{j(\varphi_1 + \varphi_3)} = Z_{02} Z_{04} e^{j(\varphi_2 + \varphi_4)} \tag{5-17}$$

上式成立的条件是：

$$\begin{cases} Z_{01} Z_{03} = Z_{02} Z_{04} \\ \varphi_1 + \varphi_3 = \varphi_2 + \varphi_4 \end{cases} \tag{5-18}$$

式中，Z_{01}、Z_{02}、Z_{03}、Z_{04} 为各阻抗的模；φ_1、φ_2、φ_3、φ_4 为阻抗角，是各桥臂电流与电压之间的相位差。

式（5-18）表明，交流电桥平衡要满足两个条件，即相对两桥臂阻抗的模的乘积相等，它们的阻抗角之和相等。

2. 交流电桥的输出电压和灵敏度

交流电桥的输出电压和灵敏度计算公式可沿用直流电桥的算式。

（1）半桥单臂交流电桥

输出电压：

$$u_{\mathrm{o}} \approx \frac{\Delta Z}{4Z} u_{\mathrm{i}} \tag{5-19}$$

电压灵敏度：

$$S = u_{\mathrm{i}}/4 \tag{5-20}$$

（2）半桥双臂交流电桥

输出电压：

$$u_{\mathrm{o}} \approx \frac{\Delta Z}{2Z} u_{\mathrm{i}} \tag{5-21}$$

电压灵敏度：

$$S = u_{\mathrm{i}}/2 \tag{5-22}$$

（3）全桥交流电桥

输出电压：

$$u_{\mathrm{o}} \approx \frac{\Delta Z}{Z} u_{\mathrm{i}} \tag{5-23}$$

电压灵敏度：

$$S = u_{\mathrm{i}} \tag{5-24}$$

3. 常见的交流电桥

（1）电容电桥　图 5-5 所示为一种常用的电容电桥，相邻两臂为纯电阻 R_2、R_3，另外相邻两臂为电容 C_1、C_4，R_1、R_4 为电容介质损耗的等效电阻。

根据式（5-18）的平衡条件，得：

$$\left(R_1 + \frac{1}{\mathrm{j}\omega C_1}\right) R_3 = \left(R_4 + \frac{1}{\mathrm{j}\omega C_4}\right) R_2 \tag{5-25}$$

令其实部和虚部分别相等，则：

$$\begin{cases} R_1 R_3 = R_4 R_2 \\ \dfrac{R_3}{C_1} = \dfrac{R_2}{C_4} \end{cases} \tag{5-26}$$

（2）电感电桥　图 5-6 所示为一种常用的电感电桥，相邻两臂为纯电阻 R_2、R_3，相邻两臂为电感 L_1、L_4，R_1、R_4 为电感线圈的等效电阻。

根据式（5-18）的平衡条件，得：

$$(R_1 + \mathrm{j}\omega L_1) R_3 = (R_4 + \mathrm{j}\omega L_4) R_2 \tag{5-27}$$

令其实部和虚部分别相等，则：

$$\begin{cases} R_1 R_3 = R_4 R_2 \\ L_1 R_3 = L_4 R_2 \end{cases} \tag{5-28}$$

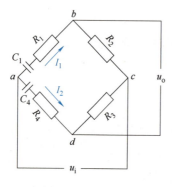

图 5-5 电容电桥

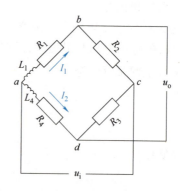

图 5-6 电感电桥

（3）纯电阻交流电桥 对于纯电阻交流电桥，由于导线间存在分布电容，相当于在各桥臂并联了一个电容，如图 5-7 所示。因此，电桥平衡的调节是将电阻、电容分别调平衡。

图 5-8 所示为一个用于动态应变仪中的具有电阻、电容平衡调节环节的交流电阻电桥。其中，电阻平衡调节部分由电阻 R_1、R_2 及可变电阻 R_3 组成，通过开关 S 实现电阻平衡粗调和微调的切换。电容 C_2 为差动可变电容器，当转动电容平衡旋钮时，电容器左右两部分的电容，一边增加，另一边则减少，使并联到相邻两臂的电容值改变，以实现电容的平衡。

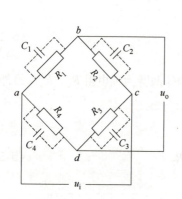

图 5-7 纯电阻交流电桥的分布电容图

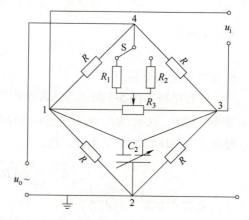

图 5-8 具有电阻、电容平衡调节的交流电阻电桥

4. 交流电桥的误差及补偿方法

由交流电桥的平衡条件可以看出，这些平衡条件是供桥电源只有一个频率的条件下推出的。当供桥电压存在多个频率成分时，将得不到电桥平衡的条件。因此，交流电桥的激励电源要求其电压波形和频率必须有很好的稳定性，以实现电桥的平衡。一般采用音频激励电源（5~10kHz）作为电桥电源。

影响交流电桥测量精度的因素主要有：①电桥各元件之间互感耦合；②泄漏电阻与元件之间、元件与地之间的分布电容；③邻近交流电路对电桥感应的影响。

为了获取较高的精度和灵敏度，也可采用带感应耦合臂的电桥，如图 5-9 所示。带感应耦合臂的电桥将感应耦合的一对绕组作为电桥的两个相邻桥臂，与另两个桥臂 Z_1、Z_2 共同构成电桥的四个桥臂。因为电桥的两绕组桥臂相当于变压器的副边绕组，故这种电桥又称为变压器电桥。

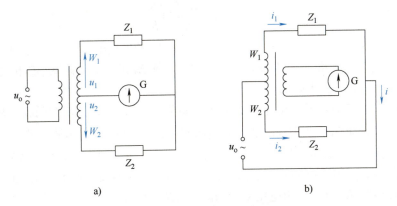

图 5-9　带感应耦合臂的电桥

5.3　测量放大器

测量放大电路用于放大传感器的输出信号，为系统提供高精度的模拟输入信号，这些被放大的信号对系统精度起关键作用。

通常情况下，传感器的输出信号相对较弱，最小值可低至 $0.1\mu V$，并且其动态范围较宽，常伴随很大的共模干扰电压。因此，测量放大电路的目的是检测叠加在高共模电压上的微弱信号，这就要求测量放大电路具有输入阻抗高、共模抑制能力强、失调及漂移小、噪声低、闭环增益稳定性高等性能。

5.3.1　差分放大电路

1. 高输入阻抗测量放大电路

图 5-10 所示为由三运放电路组成的高输入阻抗测量放大电路，其特点是输入阻抗高、零点飘移小、共模抑制比高，在传感器信号放大中得到广泛应用。

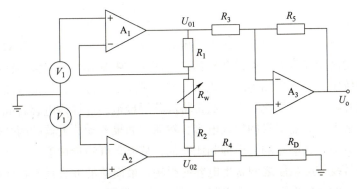

图 5-10　高输入阻抗测量放大电路

图中，A_1、A_2 构成同相输入放大器，输入电阻很大，A_3 是基本差动输入放大器。整个电路差模放大倍数为：

$$A_d = \left(1 + \frac{R_1 + R_2}{R_w}\right)\frac{R_f}{R_3} \tag{5-29}$$

改变电阻 R_w 可以调整差模放大倍数 A_d，该电路要求 A_3 的外接电阻严格匹配。因为 A_3 放大的是 A_1、A_2 输出之差，电路的失调电压由 A_3 引起。降低 A_3 的增益可以减小输出温度漂移。

2. 增益线性可调的放大电路

图 5-11 所示电路是将图 5-10 电路中的增益调节电位器 R_w 移到反馈回路，从而实现增益线性调节。A_1、A_2 是两个电压跟随器，起隔离作用，A_4 是反相比例放大器，置于输出级的反馈回路。为了使输出级呈负反馈，A_4 的输出信号送入 A_3 的同相输入端。电位器 R_w 置于 A_3 的反馈回路与 A_4 的输入回路。这样，改变 R_w 的大小就能线性调节输出级的增益。

当 $R_1 = R_2 = R_3 = R_4$ 时，输出电压 $U_o = (U_2 - U_1)R_w/R_3$。

由上可见，电路的增益与 R_w 成线性关系，改变 R_w 的大小不影响电路的共模抑制比。该电路的输入阻抗与共模抑制比与图 5-10 相同，只是 A_1、A_2 的带宽及上升速率应选高一些。为了防止输出级发生振荡，A_4 的带宽应比 A_3 大。

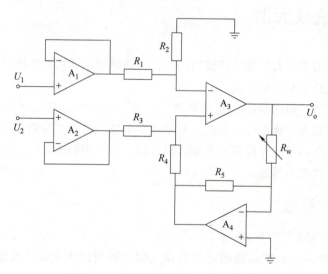

图 5-11　增益线性可调的放大电路

3. 高共模抑制测量放大电路

在以前的电路分析中，未充分考虑寄生电容、输入电容和输入参数不对称对共模抑制比的影响。然而，提高交流放大电路的共模抑制比时，这些影响因素就必须得到充分地关注。在检测和控制系统中，通常采用屏蔽电缆来实现长距离信号传输，但信号线与屏蔽层之间有不可忽视的电容存在。为了简化处理，通常将屏蔽层接地，这样该电容就成为放大器输入端对地的寄生电容加上放大器本身的输入电容。然而，如果差动放大器的两个输入端各自对地的电容不相等，就会导致电路的共模抑制比变低，从而降低测量精度。

为了清除信号线与屏蔽层之间寄生电容的影响，最简单的方法是不将屏蔽层接地，而接到与共模信号相等的电位点上，两个电阻 R_0 的连接点如图 5-12 所示。这样，共模信号就接

到差动放大器 A_3 的输入端，消除了共模信号在差动放大器输入端形成的误差电压。由此得到 $U_c = (U_{01}+U_{02})/2 = (U_1+U_2)/2$。因此，连接点的电压 U_c 等于共模输入电压 $(U_1+U_2)/2$，U_c 加到电缆屏蔽层，屏蔽电容就不会引起共模输入信号的衰减，从而造成误差。

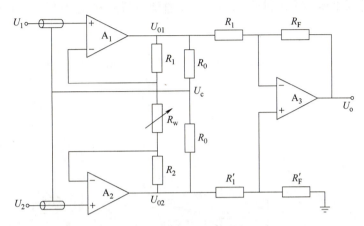

图 5-12　高共模抑制测量放大电路

4. 浮动电源测量放大电路

运算放大器共模抑制比有限时，改善电路可以提高测量放大电路的共模抑制性能，实质上是减少输入端的共模信号在输出端产生的误差电压，如图 5-13 所示。

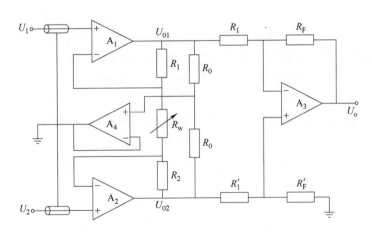

图 5-13　浮动电源测量放大电路

该电路只是在图 5-12 电路的基础上增加了一个电压跟随器 A_4，A_4 的输入信号取自两个 R_0 共模信号的连接点。所以 A_4 的输入电压就是共模输入电压，即 A_4 的输出电压。该电压加到正负电源的公共端，使电源浮动。在理想状态下，正负电源浮动的幅度与共模输入电压完全相同。这样，由于 A_4 对节点处的共模电压跟随，则将 A_1、A_2 的电源自举到共模电压 U_c 值。当三只运算放大器的共模抑制比分别为 $CMRR_1$、$CMRR_2$ 和 $CMRR_4$ 时，整个前置级的共模抑制比为：

$$CMRR = CMRR_1 \cdot CMRR_2 \cdot CMRR_4/(CMRR_1 - CMRR_2) \tag{5-30}$$

加入 A_4 后，它比图 5-12 电路的共模抑制比提高了 $CMRR_4$ 倍。由于集成运算放大器的共模抑制比较高，可以认为该电路的共模抑制比接近理想值。

5. 差分放大电路的应用

差分放大电路又称仪用放大器，最适合接于电桥的输出端作为前置放大器，因为其输入阻抗高、共模抑制比高。图 5-14 所示为一电阻直流电桥后接差分放大电路作前置放大的典型电路。

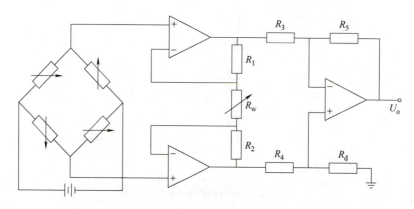

图 5-14　电阻直流电桥后接差分放大电路

5.3.2　集成仪用放大器

差分放大电路中，电阻匹配问题是影响共模抑制比的主要因素。如果使用分立运算放大器作为测量电路，难免有电阻值的差异，从而造成共模抑制比的降低和增益的非线性。为解决这一问题，采用厚膜工艺制作的集成仪用放大器应运而生。该电路外接元件少，使用灵活，能够处理从几微伏到几伏的电压信号，并提供低噪声的单端输出信号。集成仪用放大器是在运算放大器的基础上发展而来的模拟集成专用器件，它具有以下特点：输入阻抗高，一般高于 $10^9\Omega$；偏置电流低；共模抑制比高；平衡的差动输入；具有良好的温度稳定性；增益可由用户选择不同的增益电阻来确定；可实现单端输出。

常用的集成仪用放大器 AD521 型组件，其内部电路的原理如图 5-15 所示。集成仪用放大器通常设置 R 端和 S 端，S 端称为敏感端，又称为采样端和检测端，适用于在输出端接远距离负载或电流放大管时使用。由于远距离负载间的连接线上会产生明显的压降，使负载上的电压已不是输出端的电压，为了使放大器能够检测实际的负载变化，此时应将 S 端与负载端相连，以便消除连线压降的影响。加接跟随器时，也要将 S 端与负载相连，以便减少跟随器漂移的影响。R 端称为参考端，可用于调节输出电平。在 R 端上连接一个参考电压，相当于在放大器 A_3 的同相端加入一个固定电压，从而改变了输出电平，以适应不同负载的要求。

图 5-15 中，差分输入电压 U_i 加在外接电阻 R_w 的两端，在 R_w 上产生不平衡电流 $\Delta I = U_i/R_w$，流过晶体管 V_1 和 V_2，由于晶体管 V_3 和 V_4 为镜像电流源所偏置，使流过 V_3 和 V_4 集电极的电流相等。因此由差分输入电压产生的不平衡电流流过另一外接电阻 R_s。该放大器的输出电压和电阻 R_s 两端的电压保持相等。因此可得 $A_d = U_o/U_i = R_s/R_w$，只要适当改变 R_s/R_w 的比值即可改变放大器增益。

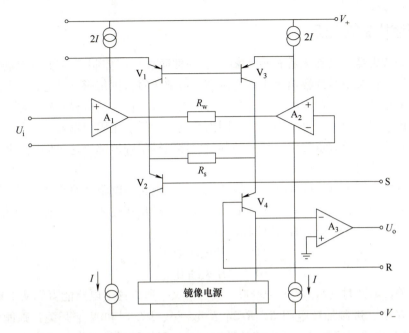

图 5-15　AD521 原理图

作为一个精密的仪用放大器，只需调整 AD521 的 R_w 和 R_s 就可使放大器增益在 0.1～1000 连续可调。电阻 R_w 和 R_s 比率的调整不会影响 AD521 的高共模抑制比（120dB），或高输入阻抗。此外，AD521 与大多数由单运放组成的放大器不同的是：

1）无需采用精密匹配的外接电阻。

2）输入端可承受的差动输入电压可以达到 30V，有较强的过载能力。

3）对各个增益段均进行内部补偿，并具有优良的动态特性，其增益带宽达 40MHz。

图 5-16 所示为 AD521 的典型外部接线原理图。R_w 可以取不同的阻值，从而改变放大电路的放大倍数。

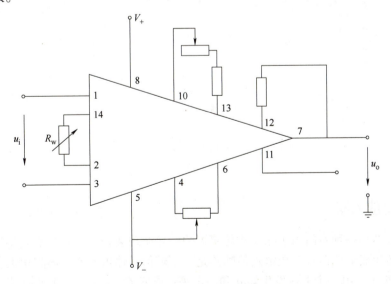

图 5-16　AD521 外部接线原理图

5.3.3 程序控制放大器

程序控制放大器，又称为程控放大器，是一种通过程序控制来改变放大器倍率值的装置。它根据待测模拟信号的幅值大小进行调节，以解决宽范围传感器信号的模拟数据采集问题。在数据采集系统中，输入的模拟信号通常需要放大，使其适应模数转换器的电压转换范围。然而，传感器输出信号可能在很大范围内变化，如果使用固定增益放大器，就无法满足不同输入信号幅值的放大量要求。程序控制放大器能够很好地解决这个问题，因此，在数据采集系统及智能化仪器中被广泛应用。

程序控制放大器由运算放大器、模拟开关、驱动电路和电阻网络组成。基本电路有同相输入、反相输入两类，如图 5-17 所示。图 5-17a 是一种反相输入的程序控制放大器，其增益是以二进制码 $S_4 S_3 S_2 S_1$ 表示的十进制值，其中：

$$S_i = \begin{cases} 1 & \text{开关接通} \\ 0 & \text{开关断开} \end{cases} \quad i = 1 \sim 4 \tag{5-31}$$

由于四个开关都断开时 ($S_4 S_3 S_2 S_1 = 0000$) 没有意义，所以这个电路能得到从 1 到 15 的整数增益。若有 N 个二进制加权电阻 R、$R/2$、$R/4$、$\cdots$、$R/2^{N-1}$ 和 N 个开关，则能实现从 1 到 2^{N-1} 的任意整数增益。但是，这个电路的缺点是输入阻抗随增益变化，开关的导通电阻 R_s 一般为 $100 \sim 500\ \Omega$，它的温漂会影响放大器的精度。虽然可以让 $R \gg R_s$，来减小这种误差，但电阻网络要选用高阻值电阻，制作上较为困难，而且会降低速度和抗噪性能。

图 5-17b 所示的同相程序控制放大器可以克服反相的缺点，R_F 和 R 由开关改变，其增益为十进制 1、10 和 100，如用四个电阻 (R、R、$2R$ 和 $4R$) 及 4 个开关能得到二进制增益 1、2、4 和 8。该电路的特点是输入阻抗高，并与开关状态无关；每个开关与反相输入端串联，几乎没有电流流过，放大器的增益基本不受导通电阻的影响。一般程控放大器均采用同相输入。

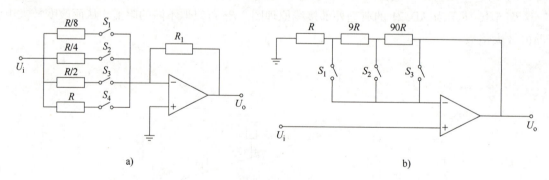

a) b)

图 5-17 程序控制增益放大器原理

a) 反相 b) 同相

5.3.4 电荷放大器

电荷放大器是一种专门用于压电式传感器的信号调理装置，主要功能是将压电式传感器产生的电荷转换成电压信号。压电式传感器是一个弱信号输出元件，内阻很大，它的等效电路如图 5-18 所示，由一个电荷发生器 q 和一个等效电容 C_a 并联。产生的电荷容易从外接电缆和电路的杂散电容、输入电容泄露。采用电压放大器对绝缘阻抗要求很高，对电缆的长度要求严格，因此须采用对电路中传输电容、杂散电容不敏感的电荷放大器。

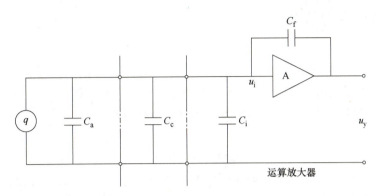

图 5-18　电荷放大器等效电路

电荷放大器是由高增益运算放大器构成的一个电容负反馈放大器，图 5-18 中，C_f 为反馈电容；C_c 为电缆电容；C_i 为运算放大器的输入电容；A 为运算放大器的开环增益。该电路忽略了电荷放大器的输入电阻和传感器的漏电阻，因为它们的值足够大。设电荷放大器输入电压为 u_i、输出电压 u_y，可得：

$$q \approx u_i(C_a + C_c + C_i) + (u_i - u_y)C_f \tag{5-32}$$

又 $u_y = -Au_i$，得：

$$u_y \approx \frac{-Aq}{(C_a + C_c + C_i) + (1+A)C_f} \tag{5-33}$$

由于放大器的增益够大，$A \gg 1$，$AC_f \gg C_a + C_c + C_i$，上式可简化为：

$$u_y \approx -q/C_f \tag{5-34}$$

式（5-34）表明，当采用高开环增益的运算放大器时，电荷放大器的输出电压与传感器的电荷量成比例，比例系数就是反馈电容，和其他电容无关。因此，采用电荷放大器，即使连接电缆长达百米，其闭环灵敏度也无明显变化，这就是电荷放大器突出的优点。

5.4　模拟信号的调制与解调

调制与解调在工程上有着广泛的应用。测量过程中常会碰到比如力、位移等一些变化缓慢的被测量，经过传感器后所得的电信号也是低频信号，如果直接直流放大，常会带来零点漂移和级间耦合等问题，造成信号失真。因此，常通过调制的手段设法先将这些低频信号变成易于在信道中传输的高频信号，这样，就可以采用交流放大，来克服直流放大带来的零点漂物和级间耦合等问题，然后再采取解调的手段最终获得原来的缓变被测信号。

调制解调技术中，将控制高频信号的低频信号称为调制波，载送低频信号的高频振荡信号称为载波，将调制后所得的高频信号称为已调制波。根据被控参数的不同，调制可分为调幅、调频和调相，得到的已调制波分别称为调幅波、调频波和调相波。从时域上看，调制过程是使载波的某一参量随调制波幅值变化而变化的过程；从频域上讲，调制过程是一个频移的过程。解调是从已调制波中恢复原来低频调制波的过程。

5.4.1 幅值调制及其解调

1. 幅值调制

幅值调制（或调幅）是将一个高频振荡信号（载波）与调制信号相乘，使载波信号的幅值随调制信号的变化而变化。如图 5-19 所示，$x(t)$ 为低频的调制波，$z(t)$ 为高频载波。调幅的调制器其实是一个乘法器，输出为调幅波 $x_{\mathrm{m}}(t)$，是 $x(t)$ 与 $z(t)$ 的乘积，即：

$$x_{\mathrm{m}}(t) = x(t)z(t) \tag{5-35}$$

由傅里叶变换可知，时域中两信号相乘对应于频域中为这两信号卷积，即：

$$x(t) \cdot z(t) \Leftrightarrow X(f) * Z(f)$$

下面以频率为 f_{z} 的余弦信号 $z(t)$ 为载波进行讨论，频域图形是一对脉冲谱线，即：

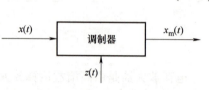

图 5-19　幅值调制

$$\cos(2\pi f_{\mathrm{z}}t) \Leftrightarrow \frac{1}{2}\delta(f-f_{\mathrm{z}}) + \frac{1}{2}\delta(f+f_{\mathrm{z}})$$

一个函数与单位脉冲函数卷积的结果，就是将其图形由坐标原点平移至该脉冲函数处。所以，若以高频余弦信号作为载波，把信号 $x(t)$ 和载波信号 $z(t)$ 相乘，其结果就相当于把原信号频谱图形由原点平移至载波频率 f_{z} 处，其幅值减半，如图 5-20 所示，即：

$$x(t)\cos(2\pi f_{\mathrm{z}}t) \Leftrightarrow \frac{1}{2}X(f) * \delta(f+f_{\mathrm{z}}) + \frac{1}{2}X(f) * \delta(f-f_{\mathrm{z}}) \tag{5-36}$$

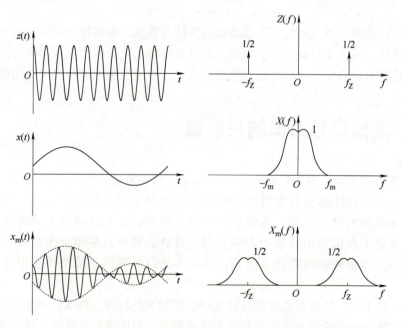

图 5-20　幅值调制过程

这一过程就是幅值调制，幅值调制的过程相当于频率"搬移"的过程。如图 5-20 所示，载波频率 f_z 必须高于信号中的最高频率 f_{max} 才能使已调幅信号保持原信号的频谱波形而不产生混叠。为了减小电路可能引起的失真，信号的频宽 f_m 相对载波频率 f_z 应越小越好。实际应用中，载波频率常为调制信号上限频率的十倍至数十倍。

2. 幅值调制的解调

（1）同步解调　调幅波的同步解调，在时域上是将调幅波与原载波信号再次相乘，在频域上使调幅波的频谱再次频移。$x_m(t)$ 与 $z(t)$ 乘积的傅里叶变换为：

$$F[x_m(t)z(t)] = \frac{1}{2}X(f) + \frac{1}{4}X(f+2f_z) + \frac{1}{4}X(f-2f_z) \tag{5-37}$$

同步解调频谱如图 5-21 所示。只要用一个低通滤波器将中心频率位于 $2f_z$ 处的高频成分衰减掉，即可恢复原信号的频谱 $X(f)/2$（只是幅值减少了一半，可用放大处理来补偿）。由于解调时用到载波信号，所以，同步解调需要同步传送载波信号。

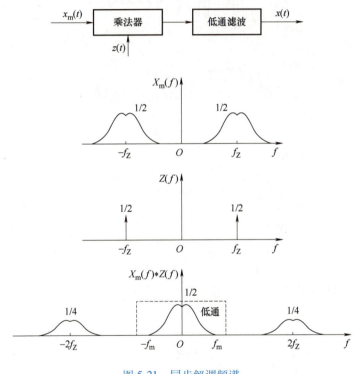

图 5-21　同步解调频谱

（2）包络检波　包络检波是一种常用的调幅波解调方法，又称为整流检波法。该方法要求原调制波 $x(t)$ 具有单极性，即 $x(t) > 0$。若 $x(t)$ 是一个过零点的双极性信号 [$x(t)$ 也为负值]，需通过偏置调幅的方法获得单极性的调制波，即对调制波 $x(t)$ 叠加一个直流分量 A，使 $x(t) + A > 0$，再与载波相乘。调幅波表达式为：

$$x_m(t) = [A + x(t)]\cos(2\pi f_z t) \tag{5-38}$$

这种先偏置再调幅的调制方法称为偏置调幅，获得的调幅波的包络线具有调制信号的形状。图 5-22 所示为偏置调幅与包络检波示意图。

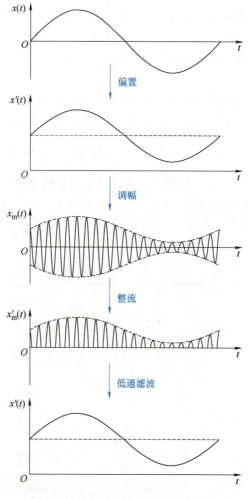

图 5-22　偏置调幅与包络检波示意图

包络检波法对调幅波进行整流、滤波，就可以恢复调制波。图 5-23 所示为一个简单的包络检波电路。当 $x_m(t) > 0$ 时，二极管 D 导通，对电容器 C 充电；当 $x_m(t) < 0$ 时，二极管 D 截止，电容器 C 反过来对电阻 R 放电。只要元件的选择满足一定的条件，包络检波电路就能从偏置调幅信号 $x_m(t)$ 中得到调制信号 $x'(t)$，即 $x'(t) = x(t) + A$。

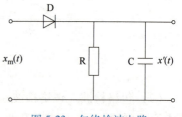

图 5-23　包络检波电路

（3）相敏检波　相敏检波电路可用于鉴别调制波的极性，利用交变信号在过零位时正、负极性发生突变，使调幅波相位与载波信号相比也相应地发生 180°相位跳变，从而既能反映原调制波的幅值，又能反映其相位。因此，通过相敏检波可以重现原来的调制波。

图 5-24 所示为一种典型的二极管相敏检波电路，四个特性相同的二极管 $D_1 \sim D_4$ 连接成电桥，四个端点分别接至两个变压器 A 和 B 的副边线圈上。变压器 B 副边的输出电压大于变压器 A 副边的输出电压。变压器 A 输入有调幅波信号 e_i，变压器 B 接有参考信号 e_x，e_x

与载波信号的相位和频率均相同，作为极性识别的标准。二极管相敏检波电路的工作原理如图 5-25 所示。

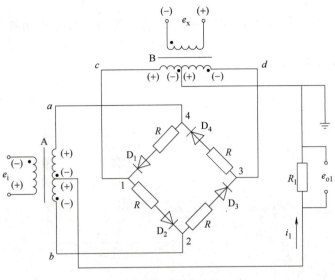

图 5-24　二极管相敏检波电路

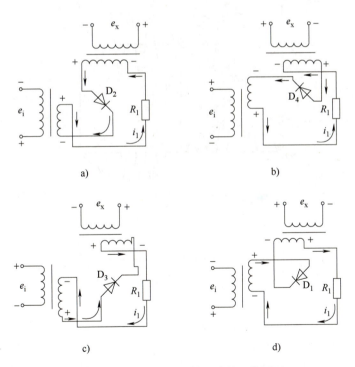

图 5-25　二极管相敏检波电路的工作原理
a）$R(t)>0$, $0\sim\pi$　b）$R(t)>0$, $\pi\sim2\pi$　c）$R(t)<0$　d）$R(t)<0$

相敏检波的波形转换过程如图 5-26 所示。当调制信号 $R(t)$ 为正时（图 5-26b 中的 $0\sim t_1$），检波器相应输出为 e_{o1}，此时由图 5-25a 和 5-25b 可以看出，无论在 $0\sim\pi$ 或 $\pi\sim2\pi$ 时间里，电流 i_1 流过负载 R_1 的方向不变，即此时输出电压 e_{o1} 为正值。

$R(t) = 0$ 时（图 5-26b 中的 t_1 时间点），负载 R_1 两端电位差为零，无电流通过，此时输出电压 $e_{o1} = 0$。

当调制信号 $R(t)$ 为负时（图 5-26b 中的 $t_1 \sim t_2$），调幅波信号 e_i 相对于载波信号 e_x 的极性正好相差 $180°$，此时从图 5-26c 和图 5-26d 可见，电流流过 R_1 的方向与之前的相反，即此时输出电压 e_{o1} 为负值。

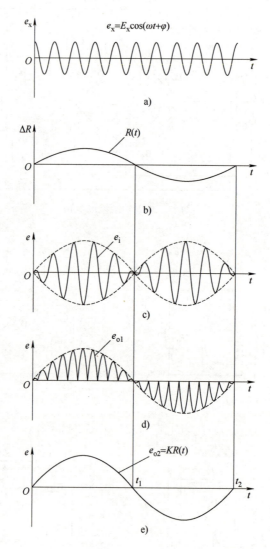

图 5-26 相敏检波的波形转换过程

a）载波 b）调制信号 c）放大后的调幅波 d）相敏检波后的波形 e）低通滤波后的波形

5.4.2 频率调制及其解调

1. 频率调制

频率调制是利用调制信号 $x(t)$ 的幅值控制载波的频率。频率调制过程中，载波幅值保持不变，仅载波的频率随调制信号的幅值成比例变化。调频波是一种随信号 $x(t)$ 的电压幅值而变化的疏密不同的等幅波，如图 5-27 所示。信号电压为正值时，调频波的频率升高；负值时则降低；信号电压为零时，调频波的频率就等于中心频率。

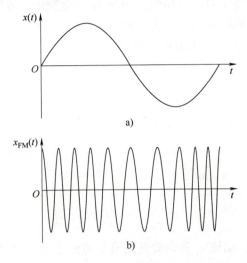

图 5-27　调制信号与调频波幅值的关系
a）调制信号　b）调频波

调频波的瞬时频率可表示为：

$$f = f_Z \pm \Delta f \tag{5-39}$$

式中，f_Z 为载波频率，或称为中心频率；Δf 为频率偏移，与调制信号 $x(t)$ 的幅值成正比。

2. 频率调制的解调

在应用电容、电涡流或电感传感器测量位移、力等参数时，常把电容 C 或电感 L 作为自激振荡器谐振网络的一个调谐参数，此时振荡器的谐振频率为：

$$f = \frac{1}{2\pi\sqrt{LC}} \tag{5-40}$$

例如，在电容传感器中以电容 C 作为调谐参数时，对上式进行微分，得：

$$\frac{\partial f}{\partial C} = \frac{1}{2\pi}\left[-\frac{1}{2}(LC)^{-\frac{3}{2}}L \right] = -\frac{1}{2}\frac{f}{C} \tag{5-41}$$

在 f_0 附近有 $C = C_0$，则频率增量 Δf 为

$$\Delta f = -\frac{f_0 \Delta C}{2C_0} \tag{5-42}$$

所以，谐振回路的瞬时频率 f 为

$$f = f_0 \pm \Delta f = f_0\left(1 \mp \frac{\Delta C}{2C_0} \right) \tag{5-43}$$

式（5-43）表明，回路的振荡频率与调谐参数成线性关系，即在一定范围内，它和被测参数的变化为线性关系。这种把被测参数的变化直接转换为振荡频率变化的电路，称为直接调频式测量电路，其输出也是等幅波。

调频波的解调，又称鉴频，即将频率变化恢复成调制信号电压幅值变化的过程，在一些

测试仪器中常采用变压器耦合的谐振回路方法，如图 5-28 所示，L_1、L_2 是变压器耦合的原、副线圈，它们和 C_1、C_2 组成并联谐振回路。将等幅调频波 e_f 输入，在回路的谐振频率 f_n 处，线圈 L_1、L_2 中的耦合电流最大，副边输出电压 e_a 也最大，e_f 频率离开 f_n，e_a 也随之下降。e_a 的频率虽然和 e_f 保持一致，但幅值 e_a 却随频率而变化，通常利用 e_a-f 特性曲线的亚谐振区近似直线的一段实现频率-电压变换。测量参数（如位移）为零时，调频回路的振荡频率 f_0 对应特性曲线上升部分近似直线段的中点。

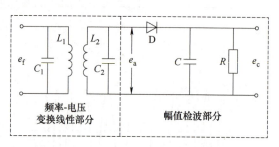

图 5-28　用变压器耦合的谐振回路鉴频

随着测量参数的变化，幅值 e_a 随调频波而近似直线变化，调频波 e_f 的频率却和测量参数保持近似线性关系。因此，把 e_a 进行幅值检波应能获得测量参数变化的信息，且保持近似线性关系。

5.5　信号的显示与记录

信号的显示与记录装置是测试系统必不可少的组成部分。选择显示与记录装置，首先关心的是其响应能力，即其能否正确跟踪测量信号的变化，并把它如实记录下来。通常把记录装置对正弦信号的响应能力称为记录装置的频率响应特性，它决定了记录装置的工作频率范围。

信号的显示记录仪可以记录被测信号幅值随时间变化的历程，也可以记录其两个物理量之间的函数关系。根据被记录信号的类型不同，记录仪可分为模拟信号记录仪和数字信号记录仪；根据记录介质的不同，可分为显式记录仪和隐式记录仪；根据被记录信号的频率变化范围不同，又可分为低速记录仪、中速记录仪和高速记录仪。

选择显示与记录装置时需考虑的方面主要有：被测信号的精度要求；被测信号的频率范围；信号的持续时间；是否需要同时记录多路信号；记录信号是否需要同时显示；其他因素，如记录装置的质量、体积、价格因素，以及抗振性要求等。限于篇幅，本节介绍几种常用的显示与记录装置。

5.5.1　磁带记录仪

磁记录系隐式记录，须通过其他显示记录仪器才能观察波形，但它能多次反复播放，以电量输出复现信号。它可用与记录时不同的速度重放，从而实现信号的时间压缩与扩展。它也便于复制，还可抹除并重复使用记录介质。磁记录的存储信息密度大，易于多线记录，记录信号频率范围宽，存储的信息稳定性高，对环境不敏感，抗干扰能力强。

磁带记录仪由磁头（包括记录磁头、重放磁头和消磁头）、放大器（记录放大器和重放放大器）、磁带和驱动机构等构成，图 5-29 所示为磁带记录仪的基本组成。磁带是一种坚韧的塑料薄带，厚约 50μm，一面涂有硬磁性材料粉末，涂层厚约 10μm。磁头是一个环形铁心，上绕线圈。在与磁带贴近的前端有一条很窄的缝隙，一般为几个微米，称为工作间隙，如图 5-30 所示。

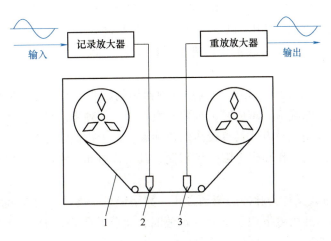

图 5-29　磁带记录仪的基本组成
1—消磁带　2—记录磁头　3—重放磁头

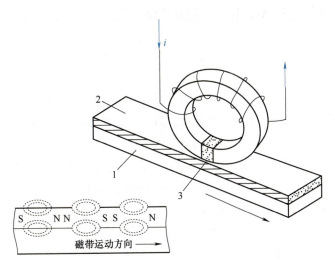

图 5-30　磁带和磁头
1—塑料薄带　2—磁性涂层　3—工作间隙

当信号电流通过记录磁头的线圈时，铁心中产生随信号电流而变化的磁通。由于工作间隙的磁阻较大，大部分磁力线便绕磁带上的磁性涂层回到另一磁极而构成闭合回路。磁极下的那段磁带上所通过的磁通和其方向随瞬间电流而变。当磁带以一定的速度离开磁极，磁带上的剩余磁化图像就反映输入信号的情况。

当被磁化的磁带经过重放磁头时，磁带上剩磁小磁畴的磁力线便通过磁极和铁心形成回路。因为磁带不断移动，铁心中的磁通也不断变化，在线圈绕组中就产生感应电势。重放过程就是将剩余磁化图像的变化转换为感应电势输出。

磁带存储的信息可消除，消除是用"消去磁头"通入高频大电流（100mA以上）。

磁带的记录方式有直接记录、调频记录和数字记录三种。

1）直接记录方式结构简单，工作频带较宽（50Hz～1MHz），但由于其对低频信号的感应电势微弱，因此不宜记录50Hz以下的低频信号，其高频上限则受走带速度和磁头工作间隙的限制。直接记录式容易引起由于磁带上磁层不匀、尘埃、损伤而造成"信号跌落"的误差。

2）调频记录方式是把输入信号经调频调制器调制成调频波，即幅值恒定的变频波，其频率偏移正比于信号的幅值。重放时，只要检出磁带上的频率信息，解调滤波后即可恢复原信号的输出。频率调制记录方式具有较高的精确度，抗干扰性能更好，记录过程无须加偏磁技术。调频记录方式的工作频带上限受到限制，其工作频带一般为0～100kHz，适宜记录低频信号。

3）数字记录方式又称为脉冲码调制方式。数字记录是将被记录信号放大后，A/D转换为二进制代码脉冲，并由磁带记录下来。重放时，将脉冲码经由D/A转换后再还原为模拟信号，恢复被记录的波形，也可将脉冲码直接输入到数字信号处理装置中进行后续处理及分析。数字记录是给予磁带磁性涂层的正向或负向饱和磁化，所以不存在模拟信号记录中的磁化非线性的问题。数字记录方式准确可靠，记录带速的不稳定对记录精度基本没有影响。但进行模拟信号记录时需进行A/D转换，需要模拟信号输出时，必须进行D/A转换，因此记录系统较为复杂。

5.5.2　伺服式记录仪

伺服式记录仪不仅可用于记录信号随时间变化的关系，也可用于记录两信号之间的函数关系。伺服式记录仪采用闭环零位平衡系统，其工作原理如图5-31所示。

当待记录的直流信号电压 u_r 与电位器的比较电压 u_b 不等时，则有 Δu 输出。该电压经调制、放大、解调后，驱动伺服电动机转动 φ 角，并通过带等传动机构带动记录笔作直线运动，实现信号的记录；同时又使电位器滑动触点随之移动，改变 u_b 的大小。待 $u_r = u_b$ 时，即 $\Delta u = 0$，后续电路没有输出，伺服电动机即停止转动，记录笔也不动。信号电压 u_r 不断变化，记录笔也就跟随运动。如果电位器的 u_b 与触点位移呈线性关系，则记录笔的移动幅值与 u_r 的幅值成正比。记录纸作匀速移动形成时间坐标，形成 u_r-t 曲线。

根据上述原理，也可实现两变量 x、y 之间关系曲线的记录。例如，X-Y 函数记录仪具有两套相同的伺服记录机构，令记录仪产生两个互相垂直的直线运动，就可以得出直角坐标记录图，描绘两输入信号 x、y 之间函数关系的曲线。

伺服式记录仪是靠输入信号和反馈信号比较形成差值而工作的，最终消除差值，是一个闭环系统。因此其记录精度高，一般误差小于全范围的0.2%～0.5%。主要缺点是只能记录变化缓慢的信号，一般都在10Hz以下。

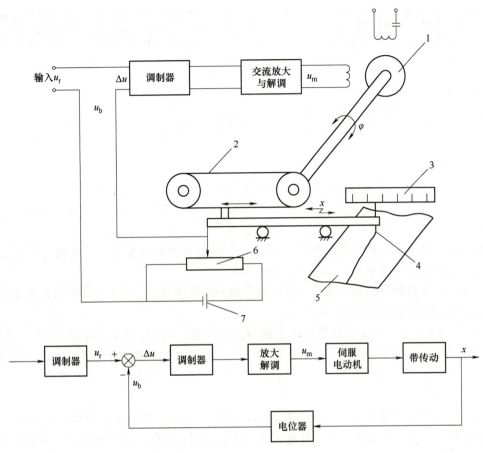

图 5-31　伺服式记录仪工作原理

1—伺服电动机　2—传送带　3—刻度板　4—记录笔　5—记录纸　6—电位器　7—标准电池

5.5.3　波形记录仪

波形记录仪又称瞬态记录仪、瞬态波形存储器等，是一种动态参量测试和记录设备。这种仪器主要用于分析瞬态信号和单次事件的场合，属于数字化测量仪器的范畴，能进行数字存储及重放，也可搭配分析仪器和计算机进行数据处理。

波形记录仪的基本工作原理如图 5-32 所示。

波形记录仪由 A/D 转换器、存储器、D/A 转换器及控制与时钟发生电路四个主要部分组成。其工作过程是：待记录的模拟信号经抗混叠滤波器后，通过 A/D 转换器由模拟信号转变成数字信号并存储于存储器中，显示时再将存储信号取出，由 D/A 转换器恢复成原模拟信号。由于并非"实时"重放，因而可根据不同记录仪的要求，可快速或慢速重放，改变时间比例尺和信号比例尺，从而得到充分展宽和放大的波形。

波形记录仪的性能主要取决于 A/D 转换器和存储器。A/D 转换器要求转换速度快、分辨率高、可靠性好。存储器的要求是存储速度快、容量大。波形记录仪的主要性能指标有以下几个。

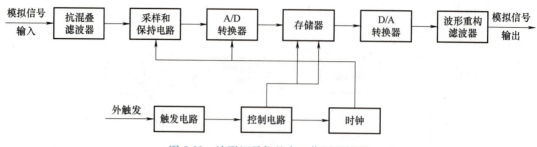

图 5-32 波形记录仪基本工作原理框图

（1）采样频率 由采样定理可知，要使记录信号不失真，采样频率应高于被记录信号中最高频率的两倍。因此，为了记录信号不失真，实际应选取的采样频率为被记录信号最高频率的 3~5 倍或更高些。

最低采样频率主要用于超低频信号记录，应结合存储器容量考虑，以确定最长记录时间。其值为最低采样速率与最大存储容量的乘积。

总之，对采样频率的正确选择应根据被测对象的具体要求，考虑被测信号的频率变化范围和需采集信号时间的长短等因素。

（2）存储容量 存储容量是指可存储的采样点数，如 1K 表示可存储 1024 个采样点，4K 表示可存储 4096 个采样点。对于容量的选择主要取决于被测信号的持续时间，采样频率确定后，容量越大，记录数据越多。但容量增大会增大后续数据处理的工作量和仪器的造价。

（3）输入特性 输入特性是指波形记录仪的电压范围，即输入信号的电压幅值应与所选量程相匹配；输入带宽主要由采样频率和放大器带宽所决定；输入阻抗一般为 1MΩ 左右。

（4）数字输出位数 这一指标体现了 A/D 转换器的精度，通常由二进制位数给出，如 8bit 即数字信息字长为 8 位。A/D 转换时，无论字长多少，其量化误差为一个最低位。但最低位带来的相对误差与字长有关。如字长为 8 位，相对误差为 $1/2^8 \times 100\% \approx 0.4\%$；字长为 12 位，相对误差为 $1/2^{12} \times 100\% \approx 0.025\%$，此计算均假设输入信号为 A/D 要求的满量程值。计算给出了模拟信号的分辨率，也称垂直分辨率，即 A/D 分辨率。由于它与字长有固定的关系，故 A/D 分辨率常用字长表示，如 8bit、12bit、16bit 等。

（5）通道数 多路波形记录仪的通道设置方式有两种：一种是每一通道配置一套放大、采样、A/D 转换器和数字存储器的记录仪，主要用于需同时测量多路信号的场合；另一种是各路共用一套 A/D 转换器及数字存储器，在信号输入端加一套多路转换开关，以切换方式记录各路信号。

除上述性能指标，还应注意触发方式、输出信号的类型与方式、有无通用接口等。

习 题

5-1 如图 5-1 所示的直流电桥，在初始平衡条件下 $R_2 = 90\Omega$；若将 R_3 与 R_4 交换，当 $R_2 = 160\Omega$ 时，电桥重新实现平衡，问未知电阻 R_1 的大小是多少？

5-2 某测力传感器中的一个电阻应变片接入直流电桥的一个桥臂，该电阻应变片在无负载时的电阻为 500Ω。传感器的灵敏度为 0.5Ω/N。如果电桥的激励电压为 10V，每一个桥臂的初始电阻为 500Ω，当施加的负载分别为 100N、200N 和 350N 时，电桥的输出电压为多少？

5-3　用四片阻值为 120Ω、灵敏度为 2 的电阻应变片组成全桥，直流供电电压为 4V，设 $\Delta R_1 = \Delta R_2 = \Delta R_3 = \Delta R_4 = \Delta R$，求输出电压 $U_o = 3\text{mV}$ 时，应变片的应变是多少？

5-4　什么是调制和解调，调制和解调的作用各是什么？

5-5　实现幅值调制和解调的方法有哪几种？各有何特点？

5-6　调幅过程中，载波频率为 f_Z，调制波的最大频率为 f_{max}，它们之间应满足什么样的关系？为什么？

5-7　已知调幅波 $x(t) = (100 + 30\cos\omega t + 20\cos 3\omega t) \cdot \cos\omega_c t$，其中，$f_c = 10\text{kHz}$，$f_w = 500\text{Hz}$，试求 $x(t)$ 所包含的各分量的频率和幅值并绘出调制信号与调幅波的频谱图。

5-8　设调制波 $f(t) = A_1(\cos\omega_1 t + \cos 2\omega_1 t)$，偏置 A 后对载波 $\cos\omega_Z t$ 进行调幅。为避免过调失真，A 与 A_1 的取值应满足什么条件？

第 6 章　测试系统性能

6.1　测试系统概述

　　测试系统一般由激励装置、传感器、变换与测量装置、显示与记录装置和数据分析处理装置组成。根据测试目的和要求，实际测试系统的差异很大。组建合适有效的测试系统时，不仅需要了解信号的特点，还需要了解测试系统的特性。测试系统的特性可分为静态特性和动态特性，静态特性是描述被测物理量保持不变或变化非常缓慢时系统的性能，而动态特性用于描述被测物理量急剧变化时，系统输入和输出之间的关系。

6.1.1　测试系统的线性化

　　一个理想的测试系统应具有明确的输入与输出关系，且输出与输入呈线性关系时最佳，即理想的测试系统应为线性时不变系统。在实际测试工作中，把测试系统在一定条件下当成一个线性系统，这样既简化问题，又具有现实意义。在静态测量中，测试系统的线性关系不是必须的，可以用曲线校准或输出补偿技术做非线性校正。在动态测量中，测试系统应在一定的工作范围和误差范围限制内，近似做线性系统处理。

　　系统输入 $x(t)$ 与系统输出 $y(t)$ 之间的关系可以用常系数线性微分方程来描述。

$$a_n \frac{\mathrm{d}^n y(t)}{\mathrm{d}t^n} + a_{n-1} \frac{\mathrm{d}^{n-1} y(t)}{\mathrm{d}t^{n-1}} + \cdots + a_1 \frac{\mathrm{d}y(t)}{\mathrm{d}t} + a_0 y(t)$$

$$= b_m \frac{\mathrm{d}^m x(t)}{\mathrm{d}t^m} + b_{m-1} \frac{\mathrm{d}^{m-1} x(t)}{\mathrm{d}t^{m-1}} + \cdots + b_1 \frac{\mathrm{d}x(t)}{\mathrm{d}t} + b_0 x(t) \qquad (6-1)$$

式中，a_n，a_{n-1}，$\cdots$，a_0 和 b_m，b_{m-1}，$\cdots$，b_0 均为常数，不随时间变化而变化，与测试系统的结构特性有关。该系统被称为线性时不变系统或定常线性系统。通常 $n>m$，表明系统是稳定的，即系统的输入不会使系统输出发散。

　　若用 $x(t) \rightarrow y(t)$ 表示测试系统输入与输出的对应关系，则线性时不变系统具有以下几种性质。

1. 叠加性

若

$$x_1(t) \rightarrow y_1(t), x_2(t) \rightarrow y_2(t)$$

则

$$[x_1(t) \pm x_2(t)] \rightarrow [y_1(t) \pm y_2(t)] \qquad (6-2)$$

叠加原理表明，作用于线性系统各个输入所产生的输出互不影响。在分析众多复杂输入时，可以将复杂输入分解成许多简单的输入分量，再将各自对应的输出叠加，即为总输出。

2. 比例性

若
$$x(t)\rightarrow y(t)$$

对于任意常数 c，则有
$$cx(t)\rightarrow cy(t) \tag{6-3}$$

3. 微分性质

若
$$x(t)\rightarrow y(t)$$

则
$$\frac{\mathrm{d}x(t)}{\mathrm{d}t}\rightarrow\frac{\mathrm{d}y(t)}{\mathrm{d}t} \tag{6-4}$$

即系统对输入微分的响应等同于对原输入响应的微分。

4. 积分性质

若
$$x(t)\rightarrow y(t)$$

则
$$\int_0^t x(t)\mathrm{d}t \rightarrow \int_0^t y(t)\mathrm{d}t \tag{6-5}$$

即当系统初始状态为零时，系统对输入积分的响应等同于对原输入响应的积分。

5. 频率不变性

若输入为正弦信号
$$x(t)=A_0\sin(\omega t+\varphi_0)$$

则输出函数必为
$$y(t)=A_1\sin(\omega t+\varphi_1) \tag{6-6}$$

即在稳态时，线性系统的输出频率恒等于原输入的频率，但其幅值与相角都可能发生变化。

判断一个系统是否为线性系统，只需判断该系统是否满足叠加性和比例性。若满足叠加性和比例性，该系统就是线性系统。

线性时不变系统的这些性质，特别是叠加特性和频率保持特性，在动态测试中具有重要的作用。例如，若输入的激励频率为已知，则测得的输出信号中只有与激励频率相同的成分才可能是由该激励引起的振动，而其他频率信号都为噪声干扰。所以，即使在很强的噪声背景下，依据频率保持特性，采用滤波技术，也可以把有用的信息提取出来。

6.1.2　测量误差

实际测量过程中，由于测量器具和测量条件等多方面的限制，会使测量结果与被测量真实值之间存在差异，这种差异的数值表现即为误差。

1. 测量误差的定义

测量结果 x 与被测量真值 x_0 之间的差被称为测量误差，用 Δx 表示，即

$$\Delta x = x - x_0 \qquad (6\text{-}7)$$

式中，误差 Δx 一般称为绝对误差，它反映了测量值偏离真值的绝对大小，是有量纲量。

测量结果是指测量所得到的被测量的量值。而真值是指测量时被测量所具有的真实值。从测量角度看，真值不可能被确切获知，它是一个理想值。在实际测量过程中，常采用约定真值来代替真值使用。约定真值是指充分接近真值并可以代替真值使用的量值，通常采用准确度高一级的测量器具所测得的量值，或指满足规定准确度要求、可代替真值使用的测量值。

2. 测量误差的分类

根据统计特征可将误差分为系统误差、随机误差和粗大误差。

（1）系统误差　在相同的条件下，多次重复测量同一量时，如果测量误差保持为一个常数，或改变条件时，测量误差按一定规律变化，这种误差称为系统误差。

产生系统误差的原因很多，如测量理论的近似假设、仪器结构的不完善、测量环境的变化以及零位调整不好等，都会引起系统误差。

按系统误差是否已经确定，可将系统误差分为已定系统误差和未定系统误差。在一定条件下，系统误差对测量结果的影响是累积性的，对测量结果影响较大。因此，在测量中，对于已定系统误差，可采取适当的措施加以修正或消除。

（2）随机误差　相同条件下，多次重复测量同一量时，如果测量误差的大小和符号变化无常，但随着测量次数的增加又符合统计规律，这种误差称为随机误差。

随机误差是测量过程中各种相关因素的微小变化相互叠加而引起的。例如，仪器仪表中传动部件的间隙和摩擦、连接件的弹性变形等引起的示值不稳定均属随机误差。

这类误差的特点是随机分布，并且不可避免，不能用实验的方法加以修正或排除。就某一次具体的测量，连续多次重复测量得到一系列测量值的随机误差通常服从正态分布规律。因此，可应用概率论和数理统计的方法对它进行处理。

（3）粗大误差　粗大误差是指一种明显超出规定条件下预期值的误差，粗大误差主要是操作不当、疏忽大意、环境条件突然变化所造成的。

这类误差的出现没有任何规律，其数值远超随机误差或系统误差。由于粗大误差明显歪曲测量结果，因此，处理测量数据时，应根据判断粗大误差的准则将其剔除。

3. 误差表示方法

常用的误差表示方法有下列几种。

（1）绝对误差　绝对误差 Δx 可用式（6-7）表示，它与被测量具有相同的量纲和单位。

（2）相对误差　相对误差 r 是指绝对误差 Δx 与被测真值 x_0 之间的比值，即：

$$r = \frac{x - x_0}{x_0} \times 100\% \qquad (6\text{-}8)$$

显然，相对误差是无量纲量，其值描述了误差与真值的比值大小。当被测真值为未知数时，一般可用测得值的算术平均值代替被测真值。

（3）引用误差　引用误差 r_m 是指绝对误差 Δx 与测量仪器引用值 x_m 的比值，即：

$$r_\mathrm{m} = \frac{x - x_0}{x_\mathrm{m}} \qquad (6\text{-}9)$$

式中，x_m 为测量仪器的引用值，又称为满意度，通常是测量仪器标称范围的上限。

引用误差实质是一种相对误差，可用于评价某些测量仪器准确度的高低。国家标准规定电测仪表的精度等级指数 a 分为 0.1、0.2、0.5、1.0、1.5、2.5、5.0 共 7 级，其最大引用误差不超过仪器精度等级指数 a 百分数，即 $r_m \leqslant a\%$。

（4）分贝误差

$$分贝误差 = 20\lg \frac{x}{x_0} \tag{6-10}$$

分贝误差的单位为分贝（dB）。分贝误差本质上是无量纲量，是一种特殊形式的相对误差。当测量结果等于真值，即误差为零时，分贝误差等于 0dB。

6.1.3　测量结果的可信程度

由于测量误差不可避免，这就必然存在一个测量结果可信程度的评定问题。计量学中，常用精密度、正确度、准确度和不确定度等规范化术语来描述测量的可信程度。

1. 精密度

精密度表示测量结果中随机误差大小的程度，反映了在相同条件下多次测量时所得结果彼此符合的程度，随机误差越小，测量结果精密度就越高。

2. 正确度

正确度表示测量结果中系统误差大小的程度，反映了在规定条件下测量结果中所有系统误差的综合，系统误差越小，测量结果的正确度就越高。

3. 准确度

准确度表示测量结果和被测量真值之间的一致程度，反映测量结果中系统误差与随机误差综合大小的程度，综合误差越小，测量结果越准确。

4. 不确定度

不确定度是对被测量真值所处量值范围的评定，反映测量结果的可信赖程度。不确定度越小，测量结果的可信度越高，使用价值就越高。只有指出测量结果的不确定度后，测量结果才有意义。

6.2　测试系统的不失真条件

对于任何一个测试系统，总是希望它们具有良好的响应特性，即精度高、灵敏度高、输出波形无失真地复现输入波形等，但是要满足上面的要求是有条件的。

设测试系统输出 $y(t)$ 和输入 $x(t)$ 满足下列关系：

$$y(t) = A_0 x(t-t_0) \tag{6-11}$$

式中，A_0 和 t_0 都是常数。

此式表明该系统的输出波形与输入波形相似，只是幅值放大了 A_0 倍，时间滞后了 t_0，这种情况才可能使输出的波形不失真地复现输入波形。

对式（6-11）取傅里叶变换，得：

$$Y(j\omega) = A_0 e^{-jt_0\omega} X(j\omega)$$

$$H(\mathrm{j}\omega) = \frac{Y(\mathrm{j}\omega)}{X(\mathrm{j}\omega)} = A_0 \mathrm{e}^{-\mathrm{j}t_0\omega} \qquad (6\text{-}12)$$

由此可见，若要测试系统的输出波形不失真，则测试系统的幅频特性和相频特性应分别满足：

$$A(\omega) = A_0 = 常数 \qquad (6\text{-}13)$$
$$\varphi(\omega) = -t_0\omega \qquad (6\text{-}14)$$

即理想测试系统的幅频特性应为常数，相频特性应为线性关系，否则就会产生失真。

满足上述不失真条件的测试系统，其输出仍会滞后输入一定的时间 t_0。若测试目的是精确地测出输入波形，则上述条件完全可满足要求；若测试结果要作为反馈信号，则上述条件是不充分的，输出对输入的滞后可能会破坏系统的稳定性，这时 $\varphi(\omega) = 0$ 才是理想的。

从实际测试系统不失真传递信号和其他工作性能综合看，对于一阶测试系统，时间常数 τ 越小，则系统的响应越快，其时间滞后和稳定误差将越小，因此测试系统的时间常数 τ 原则上越小越好。

对于二阶系统，影响频率特性的参数有两个，即固有频率 ω_n 和阻尼比 ζ。当 $\omega < 0.3\omega_n$、$A(\omega)$ 的变化不超过 10%，在该频段范围内相位滞后较小，且相频特性曲线接近一条直线，则测试系统对该频段信号的传递失真很小；当 $\omega = (0.3\omega_n, 2.5\omega_n)$，测试系统的频率特性受 ζ 的影响较大，分析表明，$\zeta = 0.6 \sim 0.8$ 时，可以获得较为合适的综合特性。$\omega = (2.5\omega_n, 3\omega_n)$，相位滞后接近 180°，且随 ω 的变化影响很小，若在实际测量电路或数据处理中减去固定相位差或把测量信号反相 180°，则可满足不失真传递信号的相位条件。

6.3 测试系统的可靠性

测试系统须保持在规定的时间内性能不变，并不出现故障，这是系统能否可靠工作的关键。因此，必须研究测试系统的可靠性规律，用可靠性方法设计测试系统，确定测试系统的可靠性指标，提高系统的可靠性。

6.3.1 可靠性的基本概念

1. 可靠度和失效率

（1）可靠度 测试系统可靠性是指在规定的时间内保持系统规定性能的能力，是和时间有关的量，一般来说时间越长，系统的可靠性越低，具有随机概念，因此用概率统计的方法定量。

可靠度就是系统可靠性的概率度量，它表示系统在规定时间 t 内，在规定条件下完成规定功能的概率。规定时间和系统寿命有关，是可靠性的一个重要指标；规定条件指系统的使用条件，如环境、被测对象形式等；规定功能指系统达到规定的性能指标如精度、效率、稳定性等。

可靠度 $R(t)$ 定义为在 t 时正常工作的系统数 $N_s(t)$ 和系统总数 N_o 的比值，即：

$$R(t) = \frac{N_s(t)}{N_o} \qquad (6\text{-}15)$$

由上可见，$0 \leqslant R(t) \leqslant 1$，$R(0) = 1$，$R(\infty) = 0$。

（2）失效率　失效是系统出现了故障或偏离了规定的功能。研究失效率是从可靠度的对立面研究系统的可靠性。失效率用失效率函数 $\lambda(t)$（又称作故障强度）表示，是随机变量 t 的函数，定义为失效密度 $f(t)$ 与可靠度 $R(t)$ 的比值，即：

$$\lambda(t) = \frac{f(t)}{R(t)} \tag{6-16}$$

失效密度 $f(t)$ 是系统失效频率（失效速度）和系统总数的比值，或称为单位系统的失效速度，即：

$$f(t) = -\frac{1}{N_o} \frac{\mathrm{d}Nf(t)}{\mathrm{d}t} \tag{6-17}$$

式中，$Nf(t) = N_o - N_s(t)$，表示 t 时刻失效的系统数。

式（6-17）表明，在一定的 $R(t)$ 下，系统的失效密度越大，失效率 $\lambda(t)$ 越大。而当 $f(t)$ 一定时，系统失效率越小，表明系统的可靠度越大。

将式（6-15）和式（6-17）代入式（6-16）中，得：

$$\lambda(t) = -\frac{1}{R(t)} \frac{\mathrm{d}R(t)}{\mathrm{d}t} = -\frac{\mathrm{d}\ln R(t)}{\mathrm{d}t} \tag{6-18}$$

或

$$R(t) = \mathrm{e}^{-\int_0^t \lambda(t)\,\mathrm{d}t} \tag{6-19}$$

上述公式建立了失效率和可靠度的数学关系，是可靠性计算的基本公式。$\lambda(t)$ 的平面曲线称为失效曲线。

2. 平均寿命

平均寿命 m_t 是可靠性指标中一个重要参数，表示 N_o 个系统平均正常运行时间，定义为：

$$m_t = \int_0^{+\infty} R(t)\,\mathrm{d}t \tag{6-20}$$

当失效率 $\lambda(t)$ 为常数时（在偶然失效期内），可知：

$$m_t = \int_0^{+\infty} \mathrm{e}^{-\lambda t}\,\mathrm{d}t = \frac{1}{\lambda} \tag{6-21}$$

即 m_t 和 λ 互为倒数，失效率越小，平均寿命越大。

3. 可靠性预测及可靠度分配

测试系统一般由多个元件、部件或子系统组成。系统的可靠度取决于两个因素，一是组成系统各元部件的可靠度，二是元部件的组合方式。最基本的组合形式为串联模型和并联模型，复杂系统均由这两种模型按一定形式组合而成。

（1）串联模型可靠度　系统中任意一个元件失效都会导致整个系统失效时，该系统为串联模型。一般测试系统都是这种模型。若系统中有 n 个元件组成，各元件的可靠度分别为 R_1，R_2，$\cdots$，R_n，则串联系统的可靠度 R_s，依概率的乘法定理为：

$$R_s(t) = \prod_{i=1}^{n} R_i(t) \tag{6-22}$$

由于 $0 \leqslant R(t) \leqslant 1$，则串联系统总的可靠度随元件数量的增加而减小，系统可靠度总的单个元件的可靠度低。由此可见，提高串联系统可靠度最有效的措施是减少串联元件的数目。

当系统中各元件的失效率为常数时，即 λ_i=常数，则式（6-22）可写为：

$$R_s(t) = \prod_{i=1}^{n} e^{-\lambda_i t} = e^{-\sum_{i=1}^{n} \lambda_i t} \tag{6-23}$$

系统总失效率为各元件失效率之和，即：

$$\lambda_s = \sum_{i=1}^{n} \lambda_i \tag{6-24}$$

（2）并联模型可靠度　系统由 n 个子系统或元件组成，系统中只要有一个子系统或元件有效工作，系统即能正常工作，这样的系统称为并联模型。并联模型的可靠度为：

$$R_s = 1 - \prod_{i=1}^{n} (1 - R_i) \tag{6-25}$$

并联模型系统的可靠度大于单个元件的可靠度，因此并联系统又称冗余系统，是提高系统可靠性的有效方法。

（3）可靠度分配　设计系统时，往往给出系统总可靠度。确定各组成子系统或元件的可靠度，要按一定方法把系统可靠度分配到各子系统或元件。可靠性的分配原则有下列几种：

1）等同分配法。等同分配法是一种最简单的分配法，按照全部子系统或元件可靠度相等的原则进行分配。

2）加权分配法。考虑各子系统或元件在系统中重要程度不同，各子系统所要求的可靠度不应相同。根据子系统出现故障引起整个系统发生故障的概率 E_i 的大小为依据来分配可靠度的方法叫做加权分配法，将 E_i 作为加权系数。

3）动态规划最优分配法。系统的可靠度指标不仅取决于组成系统的子系统或元部件的可靠度，还受成本、体积和研制周期等条件的制约。以系统成本、重量、体积和研制周期等参数最小原则为目标，以可靠度不小于某一最低值为约束条件进行可靠度分配的方法称为动态规划最优分配法。

6.3.2　提高测试系统可靠性的方法

提高测试系统可靠性的方法涉及测试系统的设计、制造、检测、使用等全过程。设计时，采用可靠性设计方法，将测试系统设计成冗余系统，具有自检、容错功能等；在制造过程中，对元件进行筛选、老化、降额使用等；对测试装置出厂前进行各种形式的试验、性能检测等，都是提高系统可靠性的常用方法。

1. 自检技术

设置自检系统实时地对测试系统本身进行故障检测称为自检。自检的目的是及时发现系统的故障，甚至隔离故障，使系统在正常状态下工作，以提高测试可靠性。

（1）含有自检系统的测试系统可靠度　具有自检系统的测试系统只有在测试系统和自检系统都出现故障的情况下才会在有故障的状态下运行，可认为是并联模型。设测试系统的可靠度为 R_1，自检系统的可靠度为 R_2，则系统总可靠度为 $R = 1-(1-R_1)(1-R_2)$，从中可知 $R>R_1$，表明自检提高了系统的可靠度。

（2）自检方法　自检是对测试系统本身进行的一种测试，自检系统测试的主要对象是测试系统的工作逻辑、输入和输出，并进行判断，以输出自检的结果。

根据自检的手段不同，自检方法可分为：

1）硬件自检。自检系统由硬件逻辑电路组成。

2）软件自检。自检系统主要由软件完成，特别是在智能化测试系统等由计算机作为主控制器的测试系统中。但多数自检系统都由硬件和软件共同组成。

根据自检的时间不同可分为：

1）离线自检（脱机自检）。在测试系统工作前或后进行自检，无故障再工作。离线自检用于发现固定性故障。

2）在线自检（联机自检）。在测试系统工作时实时进行自检，发现故障立即处理。在线自检用于发现偶然故障和固定性故障。

根据自检原理不同可分为：

1）重复自检。自检逻辑和工作逻辑相同并同时工作，工作正常时，工作逻辑和自检逻辑应输出相同的值，经异或门输出，输出为 0 时表示正常，输出为 1 时表示故障。

2）还原自检。将测试逻辑的输出经自检逻辑还原成输入信号和原输入信号进行比较。

3）输出自检。自检逻辑根据测试系统的正常工作规律对工作逻辑的输出进行判断、校验。

4）全信息自检。将系统工作逻辑需要的输入、输出信号全部输入自检系统进行分析、判断。

2. 元件的降额和筛选

测试系统中各元器件的可靠度相当重要，因为系统大多是串联模型，任意一个元器件失效均会导致系统故障。为了减小元件的失效率可对元件降额使用，并在安装前对元件进行筛选，有的元件还要进行老化处理。

（1）元件的降额　降额是指元件在低于其额定值的应力条件下工作。电气元件的电应力为工作功率与额定功率的比值。如额定功率为 4W 的电阻在功率 1W 条件下工作，电应力为 1/4。降额使用会大大降低元件的失效率，但工作应力太低也会增大失效率。

（2）元件的筛选　不管是从减小误差还是从提高可靠性方面考虑，对元件进行筛选都是生产工艺中的重要环节。筛选就是在一批元件中选出高可靠性、精度符合要求的元件，去除有缺陷、有偏差的元件。

3. 抗干扰技术

干扰信号是不可避免的，任何测试电路均要考虑抗干扰措施。干扰信号会使测试发生偏差，有的还会使系统产生故障和损坏。干扰即噪声信号，是混杂进测试系统的无用信号。

（1）干扰的种类及来源　按噪声源不同，可分为内部噪声和外部噪声两种。内部噪声是设备内部带电微粒的无规则运动产生的噪声，此类噪声的抑制主要靠改进工艺和元器件质量来实现。外部噪声是系统外部由于人为或环境干扰造成的，通常把外部噪声称为干扰。下面简要说明外部噪声的种类及来源。

1）电晕放电噪声。这种噪声来自高压传输线，噪声大小与线间距离的平方成反比。其特点是间歇性地产生脉冲电流，放电过程中产生振荡，振荡频率在 1MHz 以下。它主要对低频系统影响较大，特别是在湿度较高的环境下噪声电平更大。

2）火花放电噪声。火花放电噪声由电器放电、发动机点火、开关闭合或由于空气带电的干扰造成的，这类噪声普遍存在，且噪声频率范围宽，因此对系统影响较大。

3）电气干扰。电气干扰是电气设备在工作状态突变时产生较大变化的电流和电压引起的干扰，是最为普遍而且影响较大的一类干扰，干扰路径主要是电源线。

4）其他噪声

① 电化作用。当电路中采用两种不同的金属时，由电化作用产生噪声电压，越潮湿就越严重。

② 摩擦电效应。电缆中的导体与介质摩擦可以带电，特别是电缆弯曲引起带电产生噪声，因此要防止弱信号电缆急剧弯曲与移动。

③ 导线磁电噪声。如果低电平导线在磁场中运动，导线两端就会有电压存在而产生噪声。因此在振动的环境中要把弱信号电缆固定，防止导线运动产生噪声。

（2）干扰抑制　干扰抑制主要有屏蔽、接地、隔离和滤波电路 4 种方法。

1）屏蔽。屏蔽是用低电阻材料或磁性材料把元件、电路、组合件或传输线等包围起来，隔离内外电磁或静电的互相干扰。屏蔽分为：①静电屏蔽，主要防止电场耦合干扰；②电磁屏蔽，主要防止电场和磁场耦合干扰，适用于高频；③磁屏蔽，主要防止电感性耦合，适用于低频。

2）接地。电路或传感器中的地是一个等电位点或等电位面，它是电路的基准电位点，称为公共点，与公共点相连俗称接地。电路接地是为了对信号建立一个基准电位；消除电流流经公共地线阻抗时产生的噪声电压；避免受磁场和地电位差的影响而形成地环路。如果接地方式处理不好，反而形成噪声耦合。把接地和屏蔽正确结合起来使用，能够抑制大部分噪声。

3）隔离。当信号电路在两端接地时，很容易形成地环路电流，引起噪声干扰。这时，常采用隔离的方法，这种方法可以同时起抑制漂移和安全保护的作用。隔离主要采用变压器隔离和光电耦合。

4）滤波电路。尽管采取了不同的抗干扰措施，但仍会有不可忽视的噪声存在于有用信号之中，因此在传感器接口电路中，应设置滤波器，对由各种外界干扰引入的噪声及干扰信号均加以滤除。由于传感器的输出信号多数是缓慢变化的，因而对这种信号的滤波采用低通滤波器，其截止频率根据实际情况设计。

4. 容错技术

前文介绍的方法都属于如何排除错误的设计思想。但故障是绝对的，排错是相对的。排错设计仍难以满足系统日益增加的可靠度要求，并且排错设计会导致成本上升。

容错设计思想是承认故障是存在的，容错技术的具体措施是利用冗余技术，冗余技术主要包括硬件冗余、时间冗余和信息冗余等。

（1）硬件冗余　硬件冗余是采用设备储备，当系统中的子系统或元件失效后，冗余系统或冗余元件立即投入工作使系统保持正常。冗余硬件又称为热储备。硬件冗余的方法很多，常用的有两单元并联系统、三单元表决系统和待命储备系统等。

（2）时间冗余　时间冗余是投入时间资源，如重复运行测试过程、程序段以提高系统可靠性。

（3）信息冗余　采用设置检/纠错码、数据冗余等方式提高系统可靠度，如对传感器某状态数据进行多次测量，可去除偶然失效数据。

6.4　测试系统的响应特性

测试系统的响应特性是指传输特性，即系统的激励与响应之间的关系。静态特性是指输入量和输出量不随时间变化或变化缓慢时输出与输入之间的关系，可用代数方程表示。动态特性是指输入量和输出量随时间迅速变化时输出与输入之间的关系，可用微分方程表示。

6.4.1　测试系统的静态响应特性

1. 量程

量程是指测试系统能测量的最大输入量（上限）与最小输入量（下限）之间的代数差。如 $-50\sim200℃$ 温度计的量程是 $250℃$。与量程有关的另一个指标是测试系统的过载能力。超过允许承受的最大输入量时，测试系统的各种性能指标得不到保证，这种情况称为过载。

2. 精确度

精确度是指测试系统的测量结果与被测量真值的接近程度，反映测量中各类误差的综合影响。作为技术指标，常用相对误差和引用误差来表示。

3. 灵敏度

当测试系统的输入 x 有一增量 Δx，引起输出 y 发生相应的变化 Δy 时，定义测试系统的灵敏度 S 为：

$$S=\frac{\Delta y}{\Delta x} \tag{6-26}$$

如水银温度计输入量是温度，输出量是银柱高度，温度每升 $1℃$，水银柱高度升高 $2mm$，则它的灵敏度可以表示为 $2mm/℃$。

灵敏度就是测试系统静态标定曲线的斜率。对于线性测试系统，静态标定曲线与拟合直线接近重合，故灵敏度为拟合直线的斜率，为常数。灵敏度是有量纲的，其量纲为输出量的量纲与输入量的量纲之比。

4. 线性度

理想测试系统的静态特性曲线是一条直线，但实际的输入与输出通常不是理想的情况。线性度通常又称为非线性误差，是指测试系统的实际输入输出特性曲线对参考线性输入输出特性的接近或偏离程度。

如图 6-1 所示，线性度 δ_L 定义为实际输入输出特性曲线对参考线性输入输出特性曲线的最大偏差量 ΔL_{max} 与满量程 Y_{FS} 的百分比，即：

$$\delta_L=\frac{\Delta L_{max}}{Y_{FS}}\times100\% \tag{6-27}$$

5. 回程误差

回程误差又称滞后或者迟滞，表征测试系统在全量程范围内，输入量由小到大（正行程）或由大到小（反行程）两者静态特性不一致的程度，如图 6-2 所示。将各标定点上正行程工作曲线与反行程工作曲线之间的偏差记为迟滞偏差。回程误差 δ_H 定义为各标定点中的最大迟滞偏差 ΔH_{max} 与满量程 Y_{FS} 的百分比，即：

$$\delta_{\mathrm{H}} = \frac{\Delta H_{\max}}{Y_{\mathrm{FS}}} \times 100\% \tag{6-28}$$

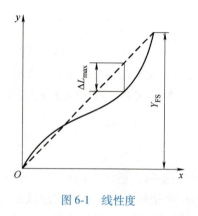

图 6-1　线性度

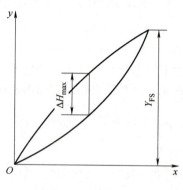

图 6-2　回程误差

6. 分辨力

分辨力是指测试系统所能测试出的输入量的最小变化量，通常是以最小单位输出量所对应的输入量来表示。测试系统分辨力的表示方式分为数字量和模拟量两种情况，数字系统的分辨力为输出显示的最后一位，模拟系统为输出指示标尺最小分度值的一半所代表的输入量。一个测试系统的分辨力越高，表示它所能测试出的输入量的最小变化量值越小。

7. 重复性误差

重复性误差是指同一测试条件下，对测试系统重复加载同样大小的输入量所得到的输出量之间的差异。图 6-3 为多次测量曲线，此试验一般在标定过程中，在全部量程范围内选择若干个有代表性的点进行。最后，选择差异最大者，其意义与精度类似。

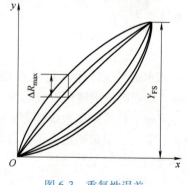

图 6-3　重复性误差

重复性误差表示测试系统在同一工作条件下，按同一方向作全量程多次（三次以上）测量时，对于同一个激励量其测量结果的不一致程度。重复性误差 δ_{R} 定义为同向行程最大偏差 $\Delta R_{\max}$ 与满量程 Y_{FS} 的百分比，即：

$$\delta_{\mathrm{R}} = \frac{\Delta R_{\max}}{Y_{\mathrm{FS}}} \times 100\% \tag{6-29}$$

8. 漂移

漂移是指在测试系统的激励不变时，响应量随时间的变化趋势。产生漂移的原因有两方面，一是仪器自身结构参数的变化，二是外界工作环境参数的变化对响应的影响。最常见的漂移问题是温漂，即由于外界工作温度的变化而引起输出的变化。随着温度的变化，仪器的灵敏度和零位也会发生漂移，相应地称为灵敏度漂移和零点漂移。

6.4.2　测试系统的动态响应特性

1. 测试系统的数学模型

研究测试系统的动态特性，首先必须建立数学模型，以便用数学方法分析其响应特性。

从测试系统的物理结构出发，根据其所遵循的物理定律，建立输出与输入关系的运动微分方程。然后在给定的条件下求解，得到在任意输入激励下测试系统的输出响应。

（1）微分方程　当测试系统为线性时不变系统时，可用常系数线性微分方程式（6-1）描述。若已知系统输入，通过求解微分方程，就可求得系统的响应，根据输入输出之间的传输关系就可确定系统的动态特性。

（2）传递函数　在工程应用中，为了计算分析方便，通常采用拉普拉斯变换来研究线性微分方程。如果 $y(t)$ 是时间变量 t 的函数，并且当 $t \leq 0$ 时，$y(t)=0$，则它的拉普拉斯变换 $Y(s)$ 的定义为：

$$Y(s) = \int_0^{+\infty} y(t) e^{-st} dt \tag{6-30}$$

式中，s 为复变量，$s = \alpha + j\omega$，$\alpha > 0$。

对式（6-1）做拉普拉斯变换，并认为 $x(t)$ 和 $y(t)$ 的各阶时间导数的初值为零，可得：

$$Y(s)(a_n s^n + a_{n-1} s^{n-1} + \cdots + a_1 s + a_0) = X(s)(b_m s^m + b_{m-1} s^{m-1} + \cdots + b_1 s + b_0) \tag{6-31}$$

将输出量和输入量两者的拉普拉斯变换之比定义为该系统的传递函数 $H(s)$，即：

$$H(s) = \frac{Y(s)}{X(s)} = \frac{b_m s^m + b_{m-1} s^{m-1} + \cdots + b_1 s + b_0}{a_n s^n + a_{n-1} s^{n-1} + \cdots + a_1 s + a_0} \tag{6-32}$$

用代数方程式表达系统动态特性比用微分方程式描述要简单，更便于分析与计算。这对于复杂的不便于写出微分方程式的系统更具实际意义。

传递函数 $H(s)$ 有以下几种特点：

1）传递函数 $H(s)$ 与输入 $x(t)$ 及系统的初始状态无关，它仅表达系统的传输特性。由传递函数描述的系统，对于任意一具体的输入 $x(t)$ 都明确给出了相应的输出 $y(t)$。

2）传递函数只反映系统本身的传输特性，与系统具体的物理结构无关。同一形式的传递函数可以表征具有相同传输特性的不同物理系统。

3）对于实际的物理系统，输入和输出具有不同的量纲，输入、输出量纲的变换关系由等式中确定的常数 a_n，a_{n-1}，$\cdots$，a_0 和 b_m，b_{m-1}，$\cdots$，b_0 反映。

（3）频率响应函数　对于稳定的常系数线性系统，可用傅里叶变换代替拉普拉斯变换，即

$$Y(j\omega) = \int_0^{+\infty} y(t) e^{-j\omega t} dt$$

$$X(j\omega) = \int_0^{+\infty} x(t) e^{-j\omega t} dt \tag{6-33}$$

相应地有

$$H(j\omega) = \frac{Y(j\omega)}{X(j\omega)} = \frac{b_m (j\omega)^m + b_{m-1} (j\omega)^{m-1} + \cdots + b_1 (j\omega) + b_0}{a_n (j\omega)^n + a_{n-1} (j\omega)^{n-1} + \cdots + a_1 (j\omega) + a_0} \tag{6-34}$$

式中，$H(j\omega)$ 称为测试系统的频率响应函数，简称为频率响应或频率特性。显然，频率响应是传递函数的特例。测试系统的频率响应 $H(j\omega)$ 就是在初始条件为零时，输出的傅里叶变换与输入的傅里叶变换之比，是频域对系统传递信息特性的描述。

频率响应函数 $H(j\omega)$ 为复数函数，可用复指数形式表示为：

$$H(j\omega) = A(\omega) e^{j\varphi(\omega)} \tag{6-35}$$

式中，$A(\omega)$ 为 $H(j\omega)$ 的模，$A(\omega) = |H(j\omega)|$；$\varphi(\omega)$ 为 $H(j\omega)$ 的相角，$\varphi(\omega) = \arctan H(j\omega)$。

测试系统的幅频特性为：

$$A(\omega) = |H(j\omega)| = \sqrt{P^2(\omega) + Q^2(\omega)} \tag{6-36}$$

表达输出信号与输入信号的幅值比随频率变化的关系。式中，$P(\omega)$ 和 $Q(\omega)$ 分别为频率响应函数的实部与虚部。

测试系统的相频特性为：

$$\varphi(\omega) = \arctan \frac{Q(\omega)}{P(\omega)} \tag{6-37}$$

表达输出信号与输入信号的相位差随频率变化的关系。

（4）脉冲响应函数　若测试系统的输入为单位脉冲信号 $\delta(t)$，而 $\delta(t)$ 的拉普拉斯变换 $X(s) = 1$，则输出 $y_\delta(t)$ 的拉普拉斯变换 $Y_\delta(s)$ 为：

$$Y_\delta(s) = H(s)X(s) = H(s) \tag{6-38}$$

因此，$y_\delta(t) = L^{-1}[H(s)]$，记为 $h(t)$，称为测试系统的脉冲响应函数。脉冲响应函数可视为系统特性的时域描述。

同理，$\delta(t)$ 的傅里叶变换 $X(\omega) = 1$，则输出 $y_\delta(t)$ 的傅里叶变换 $Y_\delta(\omega)$ 为：

$$Y_\delta(\omega) = H(\omega)X(\omega) = H(\omega) \tag{6-39}$$

有 $y_\delta(t) = F^{-1}[H(\omega)]$，记为 $h(t)$。

传递函数、脉冲响应函数和频率响应函数分别是在复数域、时域和频域中描述测试系统的动态特性，三者一一对应。脉冲响应函数和传递函数是拉普拉斯变换对，脉冲响应函数和频率特性函数又是傅里叶变换对。

（5）环节的串联并联　n 个环节串联组成的系统（图6-4），如果它们之间没有能量交换，则串联后组成的系统的传递函数和频率特性函数分别为：

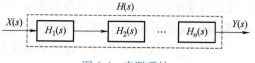

图6-4　串联系统

$$H(s) = \prod_{i=1}^{n} H_i(s) \tag{6-40}$$

$$H(j\omega) = \prod_{i=1}^{n} H_i(j\omega) \tag{6-41}$$

幅频特性和相频特性分别为：

$$A(\omega) = \prod_{i=1}^{n} A_i(\omega) \tag{6-42}$$

$$\varphi(\omega) = \sum_{i=1}^{n} \varphi_i(\omega) \tag{6-43}$$

由 n 个环节并联组成的系统（图6-5）的传递函数和频率特性函数分别为：

$$H(s) = \sum_{i=1}^{n} H_i(s) \tag{6-44}$$

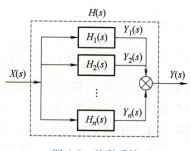

图6-5　并联系统

$$H(j\omega) = \sum_{i=1}^{n} H_i(j\omega) \tag{6-45}$$

理论分析表明,任何高于三次的高阶系统都可看成若干个一阶环节和二阶环节的串联和并联。因此,分析并了解一、二阶环节的传输特性是分析并了解高阶、复杂系统传输特性的基础。

2. 一阶系统的动态特性

能够用一阶微分方程来描述的系统均为一阶系统。工程测试中,典型的一阶测试系统如图 6-6 所示,有弹簧-阻尼系统、RC 电路、液柱式温度计。这些装置均可用一阶微分方程来表示它们输入与输出的关系。

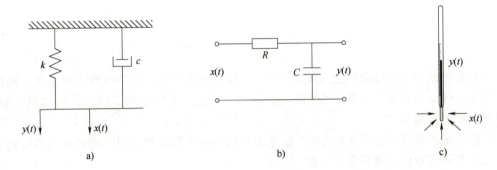

图 6-6　一阶测试系统

a) 弹簧-阻尼系统　b) RC 电路　c) 液柱式温度计

(1) 一阶系统的数学描述　式 (6-1) 中,除 a_1、a_0 和 b_0 之外的其他系数均为零,则得到:

$$a_1 \frac{dy(t)}{dt} + a_0 y(t) = b_0 x(t) \tag{6-46}$$

将式 (6-46) 两边除以 a_0,得:

$$\frac{a_1}{a_0} \frac{dy(t)}{dt} + y(t) = \frac{b_0}{a_0} x(t) \tag{6-47}$$

(2) 一阶系统的传递函数　定义 $\tau = a_1/a_0$ 为系统的时间常数,定义 $K = b_0/a_0$ 为系统静态灵敏度,线性系统中 K 为常数,因而为了使表达更加方便和简洁,一般将 K 设为 1。对式 (6-47) 做拉普拉斯变换,则可得一阶系统的传递函数为

$$H(s) = \frac{Y(s)}{X(s)} = \frac{1}{\tau s + 1} \tag{6-48}$$

(3) 一阶系统的频率响应函数　令式 (6-48) 中的 $s = j\omega$,得到一阶系统的频率响应函数为:

$$H(j\omega) = \frac{1}{j\tau\omega + 1} \tag{6-49}$$

一阶系统的幅频特性和相频特性的表达式分别为:

$$A(\omega) = |H(j\omega)| = \frac{1}{\sqrt{1 + (\omega\tau)^2}} \tag{6-50}$$

$$\varphi(\omega) = -\arctan(\omega\tau) \tag{6-51}$$

由式（6-50）和式（6-51）绘制出一阶系统幅频特性曲线和相频特性曲线，如图 6-7 所示。

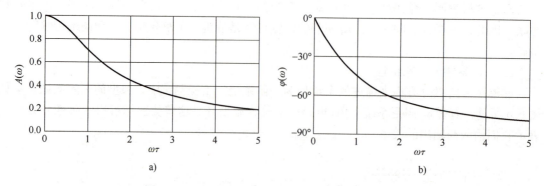

a)   b)

图 6-7　一阶系统的幅频特性曲线和相频特性曲线

一阶系统的动态特性参数是时间常数 τ，τ 的大小决定了一阶系统的频率范围。时间常数 τ 越小，则 ω 可以增大，即工作频率范围越宽；反之，时间常数 τ 越大，则 ω 就要减小，即工作频率范围越窄。

一阶系统的伯德图如图 6-8 所示，伯德图使用分贝坐标绘制，因此测试系统的幅值衰减量 $\delta(\omega)$ 的衡量单位也常用分贝，即

$$\delta(\omega) = -20\lg A(\omega) \tag{6-52}$$

通常，将系统的衰减量为 -3dB 所对应的频率点称为系统的截止频率，用 ω_c 表示。一阶系统的截止频率 $\omega_c = 1/\tau$。

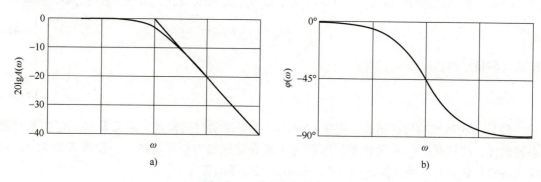

a)   b)

图 6-8　一阶系统的伯德图

一阶系统特性中，应注意以下几个特点：

1）一阶系统是一个低通环节，幅频特性 $A(\omega)$ 随输入频率 ω 的增大而减小。

2）一阶系统的工作频率范围取决于时间常数 τ。$\omega\tau$ 较小时，幅值和相位的失真都较小。$\omega\tau$ 一定时，τ 越小，测试系统的工作频率范围越宽。

（4）一阶系统的脉冲响应函数　对一阶系统传递函数取拉普拉斯逆变换，脉冲响应函数为：

$$h(t) = \frac{1}{\tau}e^{-t/\tau} \tag{6-53}$$

一阶系统脉冲响应如图 6-9 所示。输入 $\delta(t)$ 后，系统输出从 $1/\tau$ 迅速衰减，衰减的快慢与 τ

的大小有关，一般经过 4τ 后，衰减到零。τ 越小，系统的输出越接近 $\delta(t)$。

（5）一阶系统的阶跃响应函数　一阶系统的阶跃响应函数为：

$$y(t) = A(1-e^{-t/\tau}) \tag{6-54}$$

单位阶跃响应函数为：

$$y(t) = 1-e^{-t/\tau} \tag{6-55}$$

如图 6-10 所示，单位阶跃响应是指数曲线，初始值为零，随着时间 t 的增加而增大，逐渐趋向最终值 1。τ 值越大，曲线趋近 1 的时间越长；反之，τ 值越小，曲线趋近 1 的时间越短。由上可见，τ 是决定一阶系统动态响应快慢的重要因素。$t=\tau$ 时，$y(t)=0.632$，输出只达到稳态值的 63.2%；$t=3\tau$、4τ 和 5τ 时，输出分别为 95.0%、98.2% 和 99.3%。通常，将到达最终值 95.0% 或 98.2% 所需要的时间 3τ 或 4τ 作为评价一阶系统响应快慢的指标。

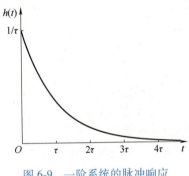

图 6-9　一阶系统的脉冲响应

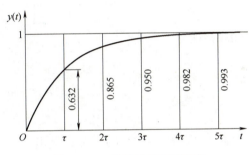

图 6-10　一阶系统的阶跃响应

3. 二阶系统的动态特性

图 6-11 所示的质量-弹簧-阻尼系统和 RLC 电路均为典型的二阶系统。

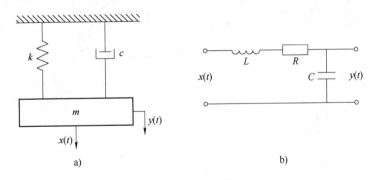

图 6-11　二阶系统

a）质量-弹簧-阻尼系统　b）RLC 电路

（1）二阶系统的数学描述　二阶系统的微分方程式为：

$$a_2\frac{d^2y(t)}{dt^2} + a_1\frac{dy(t)}{dt} + a_0y(t) = b_0x(t) \tag{6-56}$$

（2）二阶系统的传递函数　定义 $K=b_0/a_0$ 为系统的静态灵敏度；$\omega_n=\sqrt{a_0/a_2}$ 为系统的无阻尼固有频率；$\zeta=a_1/(2\sqrt{a_0a_2})$ 为系统的阻尼比。对式（6-56）两边取拉普拉斯变换并整理得系统的传递函数为：

$$H(s) = \frac{K\omega_n^2}{s^2 + 2\omega_n\zeta s + \omega_n^2} \qquad (6\text{-}57)$$

由于静态灵敏度参数 K 取决于系统的结构参数，与输入频率无关，因而它不反映系统的动态特性。为了表达方便，通常设 K 为 1。

（3）二阶系统的频率响应函数　二阶系统的频率响应函数为：

$$H(j\omega) = \frac{1}{1 - \left(\dfrac{\omega}{\omega_n}\right)^2 + 2j\zeta\dfrac{\omega}{\omega_n}} \qquad (6\text{-}58)$$

幅频特性为：

$$A(\omega) = \frac{1}{\sqrt{\left[1 - \left(\dfrac{\omega}{\omega_n}\right)^2\right]^2 + \left(2\zeta\dfrac{\omega}{\omega_n}\right)^2}} \qquad (6\text{-}59)$$

相频特性为：

$$\varphi(\omega) = -\arctan\frac{2\zeta\dfrac{\omega}{\omega_n}}{1 - \left(\dfrac{\omega}{\omega_n}\right)^2} \qquad (6\text{-}60)$$

根据式（6-59）和式（6-60）绘制出二阶系统频率特性曲线和伯德图，如图6-12、图6-13所示。

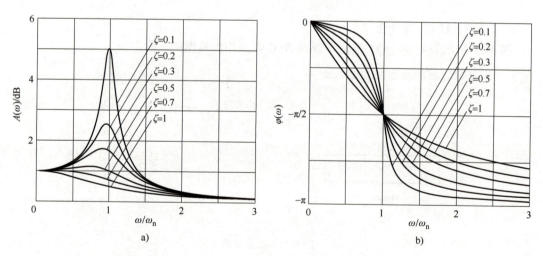

图 6-12　二阶系统的幅频特性图和相频特性图

由频率特性曲线可以看出，系统的固有频率 ω_n 和阻尼比 ζ 决定了测试系统频率响应特性。

1）当输入信号的频率 ω 满足 $\omega \ll \omega_n$ 时，$A(\omega) \approx 1$，$\varphi(\omega) \approx 0$，表明该频率段的输入信号通过后，幅值和相位基本不受影响，测量误差较小。因此，测试系统固有频率越大，在一定误差范围可以测量输入信号的频率范围就越宽，即测试系统工作频率范围就越宽。

2）当输入信号的频率 ω 满足 $\omega \gg \omega_n$ 时，$A(\omega) \approx 0$，$\varphi(\omega) \approx -180°$。此时，将产生较大的测量误差。

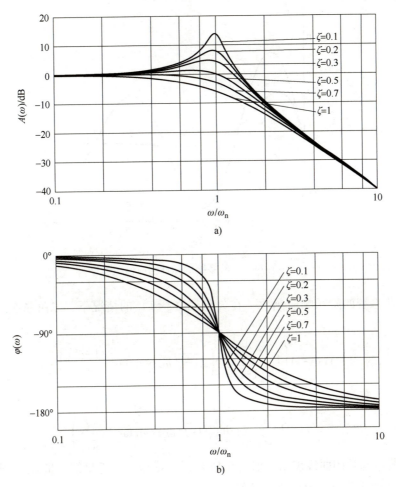

图 6-13　二阶系统的伯德图

3）当输入信号的频率 ω 满足 $\omega = \omega_n$ 时，幅频特性曲线出现了一个很大的峰值，即系统出现了谐振。此时，$A(\omega) = 1/(2\zeta)$，$\varphi(\omega) = -90°$，曲线峰值随着 ζ 的减小而增大。作为实际的测试装置，应避免测量频率接近自身固有频率的输入信号，但是可利用这一特点确定测试系统自身的固有频率。

测试系统阻尼比 ζ 不同，系统的频率响应也不同。$\zeta > 1$ 时，测试系统为过阻尼系统；$\zeta = 1$ 时，测试系统为临界阻尼系统；$\zeta < 1$ 时，测试系统为欠阻尼系统。一般系统都工作于欠阻尼状态。

综上所述，对二阶测试系统推荐采用 ζ 值为 0.7，工作频率范围为 $0 \sim 0.4\omega_n$。这样，可使测试系统的幅频特性工作在平直段，相频特性工作在直线段，从而使测量误差较小。

（4）二阶系统的脉冲响应函数　在欠阻尼的情况下，二阶系统的脉冲响应函数为：

$$h(t) = \frac{\omega_n}{\sqrt{1-\zeta^2}} e^{-\zeta \omega_n t} \sin\left(\sqrt{1-\zeta^2}\,\omega_n t\right) \qquad (6-61)$$

其波形如图 6-14 所示。

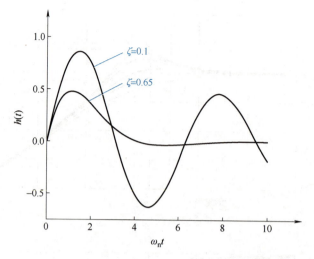

图 6-14　二阶系统的脉冲响应函数波形

（5）二阶系统的阶跃响应函数　在欠阻尼（ζ<1）的情况下，二阶系统的阶跃响应函数为：

$$y(t) = A\left[1 - \frac{e^{-\zeta\omega_n t}}{\sqrt{1-\zeta^2}}\sin\left(\sqrt{1-\zeta^2}\,\omega_n t + \arctan\frac{\sqrt{1-\zeta^2}}{\zeta}\right)\right] \tag{6-62}$$

单位阶跃响应函数为：

$$y(t) = 1 - \frac{e^{-\zeta\omega_n t}}{\sqrt{1-\zeta^2}}\sin\left(\sqrt{1-\zeta^2}\,\omega_n t + \arctan\frac{\sqrt{1-\zeta^2}}{\zeta}\right) \tag{6-63}$$

将单位阶跃响应函数用曲线表示，如图 6-15 所示。横坐标为无量纲变量 $\omega_n t$，纵坐标为系统的输出 $y(t)$，曲线族只与阻尼比 ζ 有关。

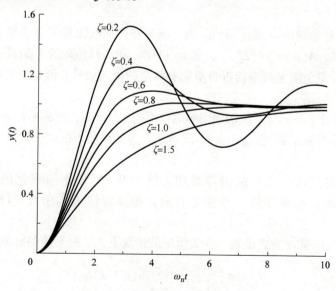

图 6-15　二阶系统的阶跃响应函数

如图 6-15 所示，二阶系统的阶跃响应具有以下几种特征。

1）阻尼比 $\zeta<1$ 时，二阶系统将出现衰减正弦振荡；阻尼比 $\zeta\geq1$ 时，不出现振荡。无论哪种情况，输出都要经过一段时间才能达到阶跃稳态值，这个过程称为动态过渡过程。

2）不同的 ζ 值对应不同的响应曲线，即 ζ 值的大小决定了阶跃响应趋于稳态值的时间长短，ζ 值过大或过小，趋于稳态值的时间都过长。为了提高响应速度，减小动态误差，通常 $\zeta=0.6\sim0.8$。

3）二阶系统的单位阶跃响应速度随固有频率 ω_n 的变化而变化。当 ζ 一定时，ω_n 越大，响应速度越快；ω_n 越小，响应速度越慢。

习　题

6-1　测试系统的静态特性指标有哪些？

6-2　测试系统的动态特性指标有哪些？

6-3　测试系统实现不失真测量的条件是什么？

6-4　已知某测试系统静态灵敏度为 5V/kg，如果输入范围为 1～10kg，试确定输出范围。

6-5　一个用于测量液气混合物中蒸气含量的传感器，在静态校准过程中，测量 100% 液体时，传感器显示 80 个单位；测量 100% 蒸气时，显示 0 个单位；测量液体和蒸气各 50% 的混合物时，显示 40 个单位。试确定传感器的静态灵敏度。

6-6　试说明二阶测试系统阻尼比多采用 0.6～0.8 的原因。

6-7　某测试系统中包含有 3 个子系统，各子系统的可靠度 $R=0.97$。试求当系统分别为串联模型和并联模型时的系统可靠度 R_s。

6-8　简述提高系统可靠性的方法，试举例说明。

6-9　已知一温度传感器的时间常数为 10s，静态灵敏度为 5mV/℃。温度传感器初始温度为 25℃。当将其放入 120℃ 的液体中时，确定其输出。

6-10　设某力传感器的固有频率 $f_n=800Hz$，阻尼比 $\zeta=0.14$，问使用该传感器做频率为 400Hz 的正弦力测试时，幅值比 $A(\omega)$ 和相位差 $\varphi(\omega)$ 各为多少？若将该装置的阻尼比改为 $\zeta=0.7$，$A(\omega)$ 和 $\varphi(\omega)$ 又将如何变化？

第 7 章　自动化测试系统

7.1　概述

  20 世纪 70 年代初以来，随着电子计算机技术和超大规模集成电路技术的快速发展，计算机的发展进入微型计算机时代。微型计算机以体积小、功能强、功耗低、性价比高的突出优点，表现了强大的生命力，广泛应用于工程技术和科学技术的各个领域，成为当今世界新技术革命的主要标志之一。微型计算机能对数据进行自动采集、分析、判断、报警以及输出等，使测试系统成为智能化、自动化系统。应用通信、网络、微纳技术，微机电技术及新型传感器技术的智能化测试方法和仪器，把机械工程测试技术推向一个崭新的阶段。

  20 世纪 60 年代，在测试系统中应用计算机技术为测试服务被称为计算机辅助测试（Computer-aided test，CAT）。如图 7-1 所示，在计算机辅助测试系统中，传感器把被测非电量物理量转变为电量，经信号调理后，采用 A/D 转换器将模拟信号转换成数字信号输入微型计算机，由计算机对信号进行分析处理，由计算机输出结果。在现代工程测试技术中，计算机辅助测试技术已成为从事测试技术人员必须掌握的基本知识。本章对计算机辅助测试技术的基本内容展开讨论。表 7-1 分析了与传统的模拟或数字仪器相比计算机辅助测试系统的主要优势。

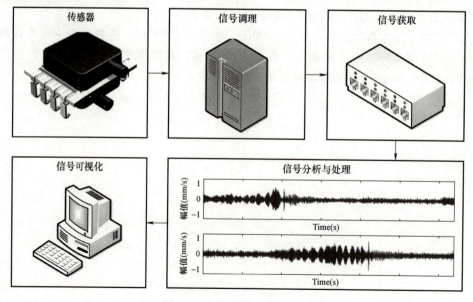

图 7-1　计算机辅助测试系统

表 7-1　计算机辅助测试系统优势分析

优势	分析
复杂信号分析与处理	基于 FFT 的时频域分析等信号处理方法可实现信号的复杂处理
信号高性能实时处理	通过软件修正传感器与环境的误差以实现高精度、高分辨率控制
稳定可靠且便于维修	大规模硬件保证可靠性和稳定性，维修方便且软件运行重现性好
多种形式输出结果	图形、图表能直观显示分析结果，数字通信实现远程监控和测试
功能强大且多样性高	使用者可扩充处理功能，以满足各种要求
自动测试与监控故障	自动测试程序可自检并修复仪器，使其在局部故障下仍能工作

　　与微型计算机相结合构成的自动检测系统在测试分析各领域中占主导地位，而微型计算机的小型化和集成度的提高也使智能化测试更容易实现。微型计算机的集成度已达到 10^5 数量级，进行 32 位乘法只需几微秒。将传感器、信号调理及微处理器合为一体已成功实现。各类机器人的研究、CIMS（Computer integrated manufacturing systems）技术、FMS（Flexible manufacture system）技术等均离不开计算机辅助测试技术。计算机辅助测试系统可归为两大类，分别为智能化测试仪（智能仪器）与分布式测试系统。计算机化测试分析仪器又称智能仪器，但目前一般只能算初级智能仪器。20 世纪 80 年代后期，微型计算机性能的极大提高，以及面向测试分析的通用软件开发平台的成功应用，使得虚拟仪器应运而生并得到迅速发展。

　　图 7-2 所示为水工建筑振动微型计算机监测系统。水工建筑特别是水闸振动监测存在低频、模态叠加、干扰多、各部位不一样等难点，且在实际应用中采集的多路数据需要通信带宽大、存在后方计算压力大等问题。为提高水闸振动监测感知能力，基于边缘计算思想，以低噪声、高速采集的 MEMS 加速度传感器为核心开发了一套振动监测系统，实现时域（加速度）频域（振动频率、振幅）的实时监测（每秒上报数据）。

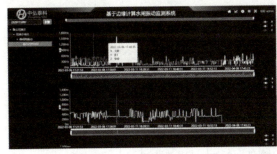 

图 7-2　水工建筑振动微型计算机监测系统

　　虚拟仪器技术在航空测试领域的基本应用如图 7-3 所示。主要表现为：①现代航空喷气发动机测试。为测试现代航空喷气发动机，测试系统需收集很多参数，所以要求以非常高的频率收集大量的高分辨率频道数据。因此，像 GPIB（General-purpose interface bus）这样的传统测试系统很难满足要求。但是，基于 VXI 总线的虚拟仪器具备很多优点，如渠道广、传输速度快、精度高、防干扰能力强和可靠性好，已成为现阶段我国现代航空喷气发动机测试的一种方法。②飞机及其机载设备性能测试。飞机测试是一项非常复杂的工作，特别是试飞前对飞机及机载设备进行性能测试。如：飞机发动机地面测试、飞机总体振动性能测试、动力系统测试、综合电子设备测试、惯性导航系统测试、雷达火控系统测试等。随着飞机性能的逐步提升，机载设备的性能也在逐步提升和扩展。基于 VXI 总线的虚拟仪器可以满足现有机载设备的测试要求。由于 VXI 总线的开放性，使得基于 VXI 总线的测试系统易于升级和扩展，以适应飞机及机载设备性能的不断提高。③导弹系统的测试，开发各类导弹的过程中，必须对各导弹系统进行半实物/实物模拟仿真实验。例如，美国选择了以 VXI 为基础的一般测试系统，每个系统包括 3~5 个 VXI 机箱，通过相互连接可以作为电脑的主要路径。相互连接的测试系统提供了满足目前及未来 20 年中高处理量的模拟仿真测试需求。

图 7-3　虚拟仪器技术在航空测试领域的基本应用

7.2　测试仪器的发展历程

纵观仪器技术的发展，电子测量仪器仪表大致经历了模拟仪器、数字仪器、智能仪器和虚拟仪器 4 个阶段，如图 7-4 所示。

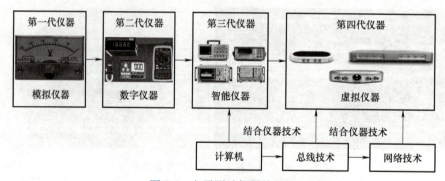

图 7-4　电子测试仪器的发展

1. 模拟仪器

20 世纪 50 年代以前主要为模拟测量技术。模拟仪器是出现较早、仍比较常见的测量仪器，通常是电磁机械式，借助指针显示最终测量结果，如模拟电压表、模拟电流表和模拟转速表等。

2. 数字化仪器

20 世纪 50 年代，随着数字技术与集成电路的发展，电测仪器由模拟式逐渐演化为数字化。数字化仪器将模拟信号的测量变换为数字信号的测量，并以数字形式给出测量结果。数字化仪器目前相当普及，适用于快速响应和较高准确度的测量，如数字电压表、频率计等。这类仪器将模拟信号的测量转化为数字信号的测量，并以数字方式输出最终结果。

3. 智能仪器

20 世纪 70 年代，结合现代测试技术与计算机技术，智能仪器出现。智能仪器是将传统数字仪器中的控制环节、数据采集与处理、自调零、自校准、自动调节量程等功能改由微处理器完成，是含有微计算机或微处理器的测试仪器，提高了测量精度和速度。智能仪器既能进行自动测试，又具有一定的数据存储、运算、逻辑判断等功能，可取代部分脑力劳动，如频谱分析仪等。智能仪器的功能模块多以硬件形式存在，无论是开发还是应用，均缺乏一定的灵活性。

4. 虚拟仪器

20 世纪 90 年代，虚拟仪器逐渐发展起来。虚拟仪器是把信号处理、结果表达与仪器控制这两部分用计算机软件来实现，主要用于自动测试、过程控制、仪器设计和数据分析等，具有可视化界面。虚拟仪器强调"软件即仪器"，即在仪器设计或测试系统中尽可能用软件代替硬件，利用最新的计算机技术来实现和扩展传统仪器的功能，真正实现由用户自己设计和定义。

7.3　自动化测试仪器

7.3.1　虚拟仪器

1986 年，美国国家仪器（NI）公司提出虚拟仪器的概念。近年来，由于虚拟仪器突破了传统仪器的束缚，是仪器发展史上的一次革命。虚拟仪器技术是以计算机为核心的测试测量仪器组建技术，由计算机操纵，利用高性能的软硬件平台及模块化的硬件板卡，结合高效灵活的应用软件，完成各种测量和测试任务。虚拟仪器结构图如图 7-5 所示。

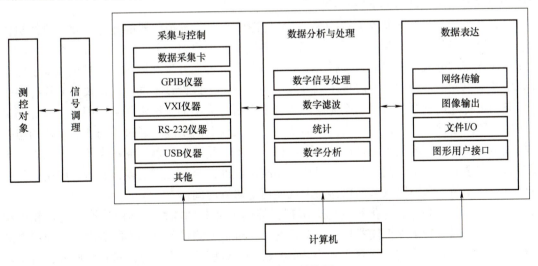

图 7-5　虚拟仪器结构图

　　传统仪器，如信号发生器、逻辑分析仪、示波器、频谱分析仪等，都是硬件化的技术方案，利用仪器面板显示测试结果。因受硬件限制，传统仪器之间没有令人满意的互联与通信机制，不能实现充分的信息与资源共享，所以在不改变设计思路的情况下，难以组建成综合测试系统或电子测量平台，即不能完成对被测系统的综合分析、评估，进而得出准确判断。而虚拟仪器是以计算机为基础的软硬件测试平台，可以将计算机硬件资源与仪器硬件有机融合，大大缩小了硬件成本和体积，由开发者或用户设计定义，通过软件实现对数据的显示、存储及分析。传统仪器和虚拟仪器的组成比较如图7-6所示，可以看到传统仪器具有独立的特性。然而，虚拟仪器没有独立的仪器，由多个部分组成。因此，虚拟仪器中的"虚拟"是指仪器不具备独立性。

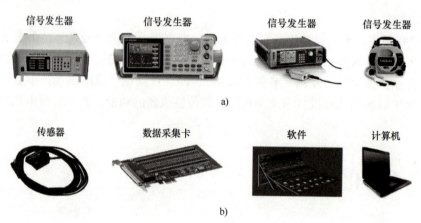

图7-6　传统仪器与虚拟仪器的组成比较

a）传统仪器组成　b）虚拟仪器组成

1. 虚拟仪器的特点

　　虚拟仪器中，用于数据分析、过程通信及图形用户界面显示的软件是整个系统处理信号的关键，而硬件仅用于信号的采集和传输。与传统仪器相比，虚拟仪器是一种由计算机操纵的模块化仪器系统，具有如下特点：

　　（1）开发周期短，人机交互能力强　"软件即核心"是虚拟仪器的理念，软件所能提供的一个重要优势就是模块化。着手一个综合性测试测量项目时，开发人员一般会根据不同的功能将任务需求分成几个单元，被拆分的子任务单元更容易开发和测试，同时也减少了完整项目中各子单元的依赖关系，降低了意外发生的几率。可以设计不同的虚拟仪器来执行各个子任务，再将它们整合集成到一个完整的系统中去执行大型测试测量任务。用户选择好测试测量的通用性硬件后，可以根据自己的需要灵活定义仪器的功能，通过不同功能模块的组合可构成多种仪器，更容易满足自己的使用风格，而不必受限于仪器厂商提供的特定功能。需要对另一个领域进行测试测量时，适当地更换测试硬件甚至是无需更换，然后对应用软件进行修改，就是另一套不同领域的仪器，大大缩短了研发时间。

　　（2）灵活性较高，智能化程度高　虚拟仪器的大部分功能都是利用计算机进行软件编程来实现的，用户对于虚拟仪器具有二次开发权，可根据测量测试的实际需求来增加或者减少软件的功能，并可采用多种方式显示采集的数据、分析的结果和控制过程。此外，有了功能强大的软件帮助，可以为仪器设备设置智能化的决策功能。用户可以把一些前沿的算法，如神经网络、专家系统等嵌入到虚拟仪器中，从而提高仪器的智能化程度。

（3）图形化的软件面板　虚拟仪器没有常规仪器的控制面板，而是利用了计算机强大的图形用户界面（GUI），采用可视化的图形编程语言和平台，在计算机屏幕上建立图形化的软件面板来替代常规的传统仪器面板。软件面板上具有与实际仪器相似的旋钮、开关、指示灯及其他控制部件。操作时，用户通过鼠标或键盘操作软件面板，来检验仪器的通信和操作，实时直接地对测试数据进行各种分析处理。

（4）在系统内实现软硬件资源共享　虚拟仪器的关键在于软件，硬件的局限性较小，因此与其他仪器设备的连接比较容易实现。而且虚拟仪器可以方便地与网络、外设及其他应用连接，还可以利用网络进行多用户数据共享。虚拟仪器可实时直接地对数据进行编辑，也可通过计算机总线将数据传送到存储器或打印机中。这样一方面解决了数据的传输问题，另一方面充分利用了计算机的存储能力，从而使虚拟仪器具有几乎无限的数据容量。

（5）系统开发成本低　虚拟仪器是以软件为核心，硬件部分大多是通用的计算机和适合某领域的测试硬件，这类测试硬件大多也是通用的，只需按照测试测量的功能需求完成软件的编写就可以实现数据的采集、分析等功能，缩短仪器的上市时间，使虚拟仪器的研发和运维成本比传统仪器大大降低。

虚拟仪器在性能方面的优点如下：

（1）性能高　虚拟仪器允许建立一些具有某种功能的数学模型，不需要定期校准的分立式模拟硬件，具有可重复性，同时提高了测量精度。虚拟仪器只需一个量化的数据块，就能通过数据处理器计算出要测量的信号特性（如电平、频率和上升时间），缩短了测量时间。以示波器为例，采用虚拟仪器技术构建一台 60G 的示波器只要将一台基于微型计算机的数字转换器放置在微型计算机中，就能以高达 100MB/s 的速度将数据导入磁盘。

（2）扩展性强　所有通用模块支持相同的公用硬件平台，不同信号具有公用的量化通道，当测试系统要增加一个新的功能时，可以使用相同的修正因子，不必切换到多个仪器，只需增加软件来执行新的功能或增加一个通用模块来扩展系统的测量范围。

（3）开发周期短　在驱动和应用两个层面上，由于允许用户自定义仪器功能、高效的软件构架和便于与计算机、仪器仪表互联等特点，可轻松地配置、创建、部署、维护和修改高性能、低成本的测试和控制解决方案，因此为了提高测试系统的性能可方便地加入一个通用模块或更换一个模块。

（4）完美的集成　虚拟仪器软件平台为所有的 I/O 设备提供了标准接口，帮助用户轻松地将多个测试设备集成到单个系统中，减少了任务的复杂性。得益于这一集成式构架带来的好处，所开发的系统更具竞争性，可更高效地设计和测试高质量的产品，并更快速地投入市场。

虚拟仪器与传统仪器的特点对比见表 7-2。

表 7-2　虚拟仪器与传统仪器的特点对比

虚拟仪器	传统仪器
用户定义仪器功能	厂商定义仪器功能
便于与网络及其他设备互联，组成仪器系统	功能有限、互联有限的独立设备
关键是软件	关键是硬件
价格低，可复用性与重配性强	价格昂贵

（续）

虚拟仪器	传统仪器
数据可编辑、存储、打印	数据不可编辑
开发、灵活、可与计算机技术同步发展	封闭、固定
可全汉化图形界面、计算机读数及分析处理	图形界面小、人工读数、信息量小
技术更新周期短（1~2年）	技术更新周期长（5~10年）
软件使得开发与维护费用降至最低	开发与维护开销高

2. 虚拟仪器的硬件系统

虚拟仪器系统由硬件和软件构成，包括计算机、虚拟仪器软件、硬件接口或测试仪器。硬件是基础，软件是核心。虚拟仪器的硬件系统一般分为计算机硬件平台和测控功能硬件两部分。

（1）计算机硬件平台　计算机硬件平台可以是各种类型的计算机，如台式计算机、便携式计算机、工作站、嵌入式计算机、工控机等。计算机自身包括微处理器、存储器、显示器等部件。计算机用于管理虚拟仪器的硬件、软件资源，是虚拟仪器的硬件支撑。

（2）测控功能硬件　测控功能硬件主要完成被测信号的放大、A/D转换和采集。具体测量仪器硬件模块是指各种传感器、信号调理器、数据采集卡、IEEE488/GPIB（General-purpose interface bus，通用接口总线）接口卡、串/并口，插卡仪器、VXI控制器以及其他接口卡，同时包括外置测试设备。数据采集卡是虚拟仪器最常用的形式，具有灵活、成本低的特点，用于A/D转换和信号传输。常用的数据采集卡是PCI数据采集卡，它插入计算机的PCI插槽中。优点是数据传输速率高，缺点是需打开机箱安装。PXI（PCI仪器扩展）数据采集卡是专门为仪器设计和优化的。其他数据采集卡包括USB（Universal serial bus，通用串行总线）数据采集卡、RJ45数据采集卡和WiFi数据采集卡。这些数据采集卡具有方便的优点，但传输速率相对较低。

3. 虚拟仪器的软件系统

一套完整的虚拟仪器系统的软件结构一般分为4层。

（1）I/O接口软件　I/O接口软件存在于仪器（即I/O接口设备）与仪器驱动程序之间，是一个对仪器寄存器进行直接存取数据的操作，并为仪器与仪器驱动程序提供信息传递的底层软件，是实现开放、统一的虚拟仪器系统的基础与核心。在VPP系统规范中，详细规定了虚拟仪器的I/O接口软件的特点、组成、内部结构与实现规范，并将符合VPP规范的虚拟仪器I/O接口软件定义为虚拟仪器软件结构（Virtual instrument software architecture，VISA）软件。

（2）仪器驱动层　每个仪器模块均有自己的仪器驱动程序。仪器驱动程序的实质是为用户提供用仪器操作较抽象的操作函数集。对于应用程序，它对仪器的操作是通过仪器驱动程序来实现的，而仪器驱动程序对于仪器的操作与管理又是通过I/O软件所提供的统一基础与格式的函数库（VISA）的调用来实现的，因此，仪器驱动程序是连接上层应用程序与底层I/O接口软件的纽带和桥梁。对于应用程序设计人员，一旦有了仪器驱动程序，即使不了解仪器内部操作过程，也可进行虚拟仪器系统的设计工作。

（3）测试管理层　用户使用虚拟仪器生产厂商开发的程序，组成自己的一套测试仪器，这是虚拟仪器的优点之一，用户可根据自己需要，建立自己的测试仪器。

（4）应用软件　应用软件是建立在仪器驱动程序之上，直接面对操作用户，提供给用户一个界面友好、满足用户功能要求的应用程序。目前应用软件开发环境有多种选择，具体因人而异，一般取决于开发人员的喜好。可供开发人员选择的虚拟仪器系统应用软件开发环境主要包括两种：①基于传统文本语言式的平台。主要有 NI 公司的 LabWindows/CVI，Microsoft 公司的 Visual C++、Visual Basic，Borland 公司的 Delphi 等。②基于图形化编程环境的平台。如 NI 公司的 LabVIEW（Laboratory virtual instrument engineering workbench）和 HP 公司的 HPVEE 等。图形化软件开发平台使编程人员不再需要文本方式编程，因而可以减轻系统开发人员的工作量，使其可将主要精力投入到系统设计中，而不再是具体软件细节的推敲。

7.3.2　网络化仪器

随着电子技术和网络通信技术的不断发展，再加上测控任务的复杂化以及远程监测任务等的迫切需求，测控网络和信息网络呈现相互融合的趋势，基于网络的远程测控成为现代测试技术和虚拟仪器技术的重点发展方向之一。将网络化技术应用到仪器与测量中，从而产生了网络化仪器与网络化测量。网络化仪器结合了软件条件与硬件条件，信息载体为电子化，进而实现了任意时间、任意地点都能进行远程操作、获取测试信息的所有硬软件元素的任意集合。信息载体的电子化趋势不断显著，其测量需要电缆、通信、光纤与电视等媒介，从而形成了具有现代化、先进性的测量技术，即网络化仪器测量技术。

1. 网络化仪器体系结构

网络化仪器是将电工电子、网络、通信以及计算机软硬件等有机地结合在一起，多采用体系结构来表示其总体框架和系统，具有网络化、智能化及交互性的特点。网络化仪器的体系结构包括基本网络系统硬件、应用软件和多种通信协议，将信息网络体系结构内容相应的测量控制模块、应用软件以及应用环境结合在一起，形成一个统一的网络化仪器体系结构的抽象模型。该模型可本质地反映网络化仪器具有的信息采集、存储、传输和分析处理的原理特征。图 7-7 所示为网络化仪器体系结构的简单模型，该模型将网络化仪器划分成若干逻辑层，各逻辑层实现特定的功能。

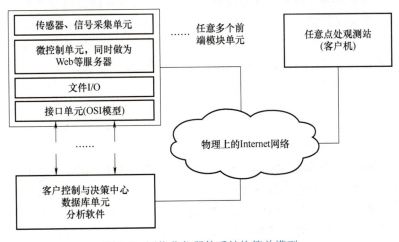

图 7-7　网络化仪器体系结构简单模型

网络化仪器需要电子信息传输媒介的介入，已不再是单个式独立仪器的简单组合。网络化仪器以微型计算机和工作站为基础，通过组建网络来形成实用的测控系统，可用于生产企业的集散控制系统，它分布在系统的不同位置，进行分布式测量，然后通过网络将数据传到控制中心，控制中心可以在异地对测量过程进行操控，从而大大提高了生产效率。网络化仪器在智能交通、信息家电、家庭自动化、工业自动化、环境监测及远程医疗等领域得到越来越广泛的应用。同时给电力系统、工业测控、交通运输、计量校准以及航空航天等领域带来了巨大变化。如今，网络化仪器发展很快，美国安捷伦科技公司已经成功推出了网络化示波器和网络化逻辑分析仪。此外，网络化流量计、网络化传感器也已经问世。在电能计量领域，远程集中抄表系统的应用也日趋广泛，电力部门可通过电话线或电力线完成对远程电能表读数的获取和监控，该远程电能表就是一种网络化仪器。

2. 网络化仪器的特点

随着测控网络的发展，计算机和现代仪器仪表已相互包容，两者将在范围和广度上最终实现大规模对等，并以更快的速度扩大和发展。计算机网络也就是通用的仪器网络，"网络即仪器"的概念，确切地概括了仪器的网络化发展趋势。此外，以 Internet 为代表的计算机网络快速发展，网络信道容量不断扩大，网络速度获得了极大的提升。在现有的 Internet 网络设备中，分布式测控系统已成功应用于网络化传感器，提高设备系统功能的同时简化了设备维护及系统建设，降低了成本。因此，网络化仪器特点为：

（1）资源共享 网络化仪器可以把信息系统与测量系统通过 Internet 连接起来，实现资源共享，能高效地完成各种复杂艰巨的测量控制任务。对于有危险的、环境恶劣的数据采集可实行远程采集，并将采集的数据放在服务器中供用户使用。网络化可以使测量人员不受时间的限制，随时随地地获取所需的信息，方便进行修改、扩展。

（2）成本低，效率高 将普通仪器设备获取的数据（信息）通过网络传输给异地设备或仪器，可以实现一台仪器为更多的用户所使用，能显著提高各种复杂设备的利用率，更好地整合资源，缩短计量测试工作的周期，降低测量系统的成本。

在测量与测控系统中积极应用先进技术，其系统组建将更加便捷，测量将更加及时、高效。正如电信服务运营商进行的远程测试一样，可以做到从地球上的任意地点在任意时间获取到任何地方所需要的测量信息。仪器仪表及现代化测量技术的发展及其相应传统概念的突破和延拓，是网络化仪器概念产生的必然和前提。网络化仪器将发展的更加迅速、完善，从而将推动网络化测量技术的进一步发展。网络化的趋势将成为发展的必然选择，在网络化的环境下，现代测量技术将实现更快、更广泛的普及和发展。

3. 网络化仪器的模式

根据测控数据流量状况及不同的测试需求，实际应用中较为常见的网络化仪器的模式主要包含基于 Client/Server（简写 C/S）模式的网络化仪器、基于 Browser/Server（简写 B/S）模式的网络化仪器、基于 Client/Server 以及 Browser/Server 混合模式的网络化仪器。

（1）基于 C/S 模式的网络化仪器 C/S 模式，又称为客户机/服务器模式。C/S 工作模式作为分布式应用程序之间通信的一种有效方式，得到了广泛的应用，其特点是运行在服务器上的进程能为发出请求的客户提供所需的信息。正是由于有一套通用的标准，服务器和客户总是能运行于通过某种网络互联的不同平台、不同操作系统上。如果从分层体系的角度出发，C/S 仅是一种应用层的标准。Internet 上流行的网络/浏览器（Web/Browser-W/B）模式属于 C/S 中的一种，它以 http 协议的 html 标记语言为通用标准。C/S 这种体系结构及网络模式在设备远程状态监测与故障诊断仪器的设计方面一度认为是较为理想的模式，如图 7-8 所示。

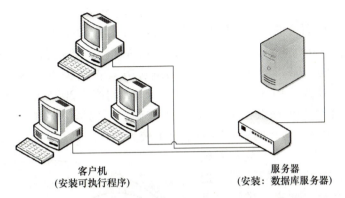

客户机
（安装可执行程序）

服务器
（安装：数据库服务器）

图 7-8　基于 C/S 模式的典型网络化仪器结构示意图

（2）基于 B/S 模式的网络化仪器　B/S 也称为浏览器/服务器模式。B/S 是 Web 兴起后的一种网络结构模式，Web 浏览器是客户端最主要的应用软件。这种模式统一了客户端，将系统功能实现的核心部分集中到服务器上，简化了系统的开发、维护和使用，如图 7-9 所示。客户机上只要安装一个浏览器，如 Netscape Navigator 或 Internet Explore 等即可，服务器安装 SQL Server、Oracle、MYSQL 等数据库。浏览器通过 Web Server 同数据库进行数据交互。服务器上所有的应用程序都可通过 Web 浏览器在客户机上执行，统一了用户界面。

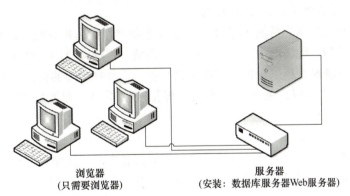

浏览器
（只需要浏览器）

服务器
（安装：数据库服务器Web服务器）

图 7-9　基于 B/S 模式的典型网络化仪器结构示意图

（3）基于 C/S 以及 B/S 混合模式的网络化仪器　实际开发中常采用 B/S 与 C/S 共存、相互协作的体系结构。C/S 模式和 B/S 模式各有优缺点：①B/S 有比 C/S 更强的适应范围。C/S 是在局域网的基础上建立的，一般建立在专用的网络上，针对小范围的网络环境，而 B/S 是在广域网的基础上建立的，不必是专门的网络硬件环境，例如与电话上网、租用设备、信息自己管理。②C/S 有比 B/S 更强的安全的控制能力。C/S 一般面向相对固定的用户群，对信息安全的控制能力很强，一般高度机密的信息系统（如军事保密单位）采用 C/S 结构适宜，而 B/S 对安全的控制能力相对弱，面向是不可知的用户群，可通过 B/S 发布部分可公开信息。③B/S 有比 C/S 更低的维护成本。C/S 需要将客户端软件安装在客户机上，客户端的响应速度快；而 B/S 针对浏览器，架构开发简单，维护方便，成本低。

7.3.3　物联网

1999 年，在美国召开的移动计算和网络国际会议上，美国麻省理工学院自动识别中心（MIT Auto-ID Center）的凯文·阿什顿（Kevin Ashton）教授在研究射频识别（RFID）技术时结合物品编码、RFID 和互联网技术的解决方案首次提出了物联网的概念，即物联网是成千上万的物品采用无线方式接入了 Internet 网络。2005 年，国际电信联盟在突尼斯举行的信息社会世界峰会（WSIS）上正式确定了物联网的概念，并在之后发布的《ITU 互联网报告 2005：物联网》报告中给出了较为公认的物联网的定义：物联网是通过智能传感器、RFID 设备、卫星定位系统等信息传感设备，按照约定的协议，把任何物品与互联网连接起来，进行信息交换和通信，以实现对物品的智能化识别、定位、跟踪、监控和管理的一种网络。显而易见，物联网所要实现的是物与物之间的互联、共享、互通，因此又被称为"物物相连的互联网"，英文名称是"Internet of Things（IoT）"。图 7-10 所示为物联网概念模型图。

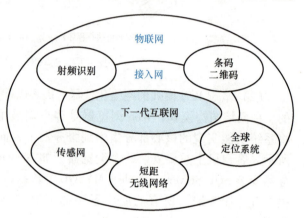

图 7-10　物联网概念模型图

作为新一代信息技术的高度集成和综合运用，物联网备受关注，也被业内认为是继计算机和互联网之后的第三次信息技术革命。当前，物联网已经应用于仓储物流、城市管理、交通管理、能源电力、军事、医疗等领域，广泛涉及国民经济和社会生活的方方面面。物联网对互联网进行了延伸，实现了物与物、人与物之间的信息互联。物联网终端为包含传感器的嵌入式系统，如可穿戴设备、虚拟现实系统、智能监控系统和远程操控系统等。

1. 物联网的体系框架

物联网是一种综合集成创新的技术系统。按照信息生成、传输、处理和应用的原则，物联网基本架构包括三个逻辑层，即感知层、网络层和应用层。

（1）感知层　感知层处于物联网的最底层，是实现物理世界到数字世界转变的桥梁。传感器系统、标识系统、卫星定位系统以及相应的信息化支撑设备（如计算机硬件、服务器、网络设备、终端设备等）组成了感知层的最基础部件，其功能主要用于采集包括各类物理量、标识、音频和视频数据等在内的物理世界中发生的事件和数据，并将其存储为数字信号，为网络信息的传播与分享提供支持。

（2）网络层　网络层由各种私有网络、互联网、有线和无线通信网、网络管理系统等组成，在物联网中起信息传输的作用，该层主要用于对感知层和应用层之间的数据进行传递，它是连接感知层和应用层的桥梁。感知层信息互联主要通过两个步骤实现：①由网关实现局域网和广域网之间的连接；②由 TCP/IP（Transmission control protocol/Internet protocol，传输控制协议/互联网协议）或 UDP/IP（User datagram protocol/IP，用户数据报协议/互联网协议）实现信息在广域网的传播。采用的网络技术主要包括 WiFi、以太网、蓝牙、NFC（近场通信）、ZigBee 和移动网络通信。WiFi 是最通用的无线传输技术，适用于智能家居、智能办公室等场合，以太网适用于摄像头、报警器等无需经常移动的固定设备。蓝牙是一种短距离无线传输方式，适用于耳机等低功率设备。ZigBee 具有低功耗和多节点处理能力，一般用于个人电子产品互联、工业设备控制等领域；移动通信网络覆盖面广，但功耗较高，适用于方便设备充电的场合。

（3）应用层　应用层的目的是完成用户指定的服务，是物联网的最终目的。应用层主要包括云计算、云服务和模块决策，其功能有两方面，一是完成数据的管理和数据的处理；二是将这些数据与各行业信息化需求相结合，实现广泛智能化应用的解决方案。应用层通过分析和处理感知层的信息数据，实现智能化感知、识别、定位、追溯监控和管理。例如，在智能家居系统中，用户可在回家途中通过手机查看房间中温度传感器获取的温度信息，并根据需求控制开关，提前打开空调。

物联网技术体系框架图如图 7-11 所示。围绕物联网的三个逻辑层，还存在一个公共技术层。公共技术层包括标识与解析、安全技术、网络管理和服务质量（QoS）管理等具有普遍意义的技术，它们被同时应用在物联网技术架构的其他三个层次。

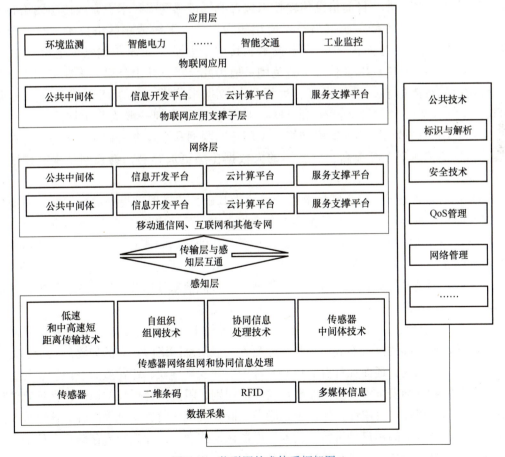

图 7-11　物联网技术体系框架图

2. 物联网的关键技术

物联网具有数据海量化、连接设备种类多样化、应用终端智能化等特点，其发展依赖于感知与标识技术、信息传输技术、信息处理技术、信息安全技术等技术。

（1）感知与标识技术　感知与标识技术是物联网的基础，负责采集物理世界中发生的物理事件和数据，实现外部世界信息的感知和识别，主要包括传感技术和识别技术。

1）传感技术。传感器是物联网系统中的关键组成部分，传感器的可靠性、实时性、抗干扰性等特性，对物联网应用系统的性能起举足轻重的作用。传感器一般由对某个参数敏感的元件和转换部件组成，在物联网中的作用类似人类的感觉器官，用于感知和采集环境中的信息，如温度、湿度、压力、尺寸、成分等。物联网领域常见的传感器有距离传感器、光传感器、温度传感器、烟雾传感器、心率传感器、角速度传感器等，此外还有气压传感器、加速度传感器、湿度传感器以及指纹传感器等。

2）识别技术。对物理世界的识别是实现物联网全面感知的基础，常用的识别技术有二维码、RFID 标识、条形码等，涵盖物品识别、位置识别和地理识别等方面。物联网的识别技术是以 RFID 为基础，RFID 是通过无线电信号识别特定目标并读写相关数据的无线通信技术。该技术在许多种恶劣环境下也能进行信息的传输，因此在物联网运行中有着重要的意义。

（2）信息传输技术　目前信息传输技术包含有线传感网络技术、无线传感网络技术和移动通信技术，其中无线传感网络技术应用较为广泛。无线传感网络技术主要又分为远距离无线传输技术和近距离无线传输技术。其中，远距离无线传输技术包括 2G、3G、4G、NB-IoT、Sigfox 和 LoRa，信号覆盖范围一般为几公里到几十公里，主要应用于远程数据的传输，如智能电表、智能物流、远程设备数据采集等。近距离无线传输技术包括 WiFi、蓝牙、UWB、MTC、ZigBee 和 NFC，信号覆盖范围则一般为几十厘米到几百米之间，主要应用在局域网，比如家庭网络、工厂车间联网和企业办公联网。随着 5G 技术的发展，信息传输速率大幅提高，传感器的大数据传递更加容易，物联网技术有望取得更广泛的应用。

（3）信息处理技术　物联网技术以传感器为基础，传感器采集到的数据往往具有海量性、时效性、多态性等特点，给数据存储、数据查询、质量控制、智能处理等带来极大的挑战。信息处理技术的目标是将传感器等识别设备采集的数据收集起来，通过信息挖掘等手段发现数据内在联系，发现新的信息，把结论通过图表等形式提供给决策层，为用户下一步操作提供支持。当前的信息处理技术有云计算技术、智能信息处理技术等。人工智能技术和深度学习领域的高速发展为大数据处理提供了良好的支撑。

（4）信息安全技术　信息安全问题是互联网时代十分重要的议题，安全和隐私问题同样是物联网发展面临的巨大挑战。物联网除面临一般信息网络所具有的如物理安全、运行安全、数据安全等问题，还面临特有的威胁和攻击，如物理俘获、传输威胁、阻塞干扰、信息篡改等。保障物联网安全涉及防范非授权实体的识别，阻止未经授权的访问，保证物体位置及其他数据的保密性、可用性，保护个人隐私、商业机密和信息安全等内容，这里涉及到网络非集中管理方式下的用户身份验证技术、离散认证技术、云计算和云存储安全技术、高效数据加密和数据保护技术、隐私管理策略制定和实施技术等。

7.4　测试仪器的应用

1. 虚拟仪器的应用

虚拟仪器主要是通过计算机检测到被测系统的信息，并对系统的执行机构发出相应的指令，以满足系统的需求。例如，面向切削加工过程的虚拟测试系统设计中，切削力与切削温度是金属切削过程中的重要状态参量，采用虚拟仪器测量切削参数能完全替代传统仪器并扩展其功能，并且虚拟仪器能最大限度地降低系统成本，增强系统的功能和灵活性。利用通用计算机的硬件资源，集仪器的控制、存储、显示于计算机本身，利用相应的软件在计算机屏幕上构成一个虚拟仪器的仪器面板，通过键盘或鼠标代替现实仪器的面板按钮及旋钮，而人手不必触及仪器本身，从而实现硬件软化的结果，并在足够硬件的支持下，对金属切削过程的切削力、切削温度等参数进行采集，再经软件处理，从而反映刀具磨损或破损、切削用量的合理性、机床故障等切削状态，以及实时控制切削过程，尽可能提高切削效率，并减少零件废品的产生。

面向切削加工的虚拟仪器设计主要包括硬件系统分析、软件系统分析和系统基本功能的实验与测试几个部分。其中，硬件系统主要包括模拟量的输入输出通道及其组成部分，而虚拟仪器的基础平台就源自这个硬件系统的搭建，也只有这个输入输出系统的原理正确，才能保证整个虚拟仪器的可靠性。软件编辑是虚拟仪器系统的核心部分，也是开发人员研究的关键部分。虚拟仪器的软件部分包括硬件驱动程序、应用程序以及软面板程序等。虚拟仪器可靠性的实验验证也是对虚拟仪器硬件和软件的调试过程，包括对硬件的调零设置和软件的初始化之类的。为了扩大虚拟仪器在切削加工测量中的功能，利用实验方法验证测试系统各个功能的可行性，并利用经验公式对实验数据进行相似性判定，找出目前加工过程中存在的问题和不合理因素，改善切削过程的加工参数，提高加工效率。

2. 网络化仪器的应用

测量领域中网络化仪器的应用较为普遍，几个典型应用如下：

（1）网络化的流量计　流量计主要是为了测量流量，对各个时段的流量进行记录，从而提示流量的使用，具有报警功能。目前，流量计已经实现了商品化发展，同时其具有联网的功能。流量计在使用过程中，用户可以远程配置其参数，从而网络化的流量计便可以将流量数据传递到计算机的文件中，也可通过电子邮件的方式进行信息的发送，从而实现流量的报警。流量计报警后，技术人员可以对其进行远程控制，利用其互联网的地址进行配置、诊断与故障排除等。

（2）网络化的传感器　传感器具有一定的精准度，通过物理量的测量装置能够实现对测量对象的测量。在科学技术的推动下，测控系统逐渐实现了自动化、智能化，传感器要不断改进，才能满足测控系统的需求。因此，传感器中应用了计算技术、网络技术等，实现了传感器的快速发展，并实现了现场级的全数字通信方式，即网络化的传感器。网络化传感器技术通过嵌入式应用，保证了信号的接收与发送，从而使其具有的组态性与互操作性等特点。网络化传感器的使用范围相对广泛，如水文监测、耕地监测等。

（3）网络化的分析仪　网络化的分析仪实现了对系统的远程访问，随时随地便可获取仪器的工作状态，实现了对远程仪器的控制与检测，还实现了对远程仪器数据的传递。

（4）网络化的电能表　网络化的电能表主要是对电能数据的测量，用电管理部门通过电能自动抄表系统、电缆、电话线及电力线路等，实现对用电信息的监控与测量。

（5）网络化的应用领域　国防领域研发的武器装备网络化保障系统实现了军队复杂装备的一体化管理、调度与维修。电气工程领域应用的网络化电能质量综合监测系统使用户可查看辖区内供电系统所有监测点的即时或历史电能质量数据信息。工业领域的网络化变形监测系统可实时采集变形体三维形变量，动态显示分析结果并及时预警。为交通运输行业研发出的变频器远距离测控系统可实时监测列车的运行状况。计量校准领域出现的远程网络化校准系统可使上级计量机构借助网络实现对异地下级计量机构仪器参数的校准和标定。

3. 物联网的应用

物联网应用广泛，推动了社会、经济的全方位发展。物联网的主要应用领域如图7-12所示，涉及智能运输、公共安全、农林业以及工业自动化等领域。5G时代的开启为万物互联提供了优质的条件，在科学技术高速发展的背景下，5G超级物联网技术在当前社会发展中具有广泛的应用范围。5G超级物联网技术具有更快的运行速度、更短的网络延迟、更大的带宽容量，用更短的时间完成大量信息交换。5G超级物联网技术可通过对各类传感器的大量使用，实现对不同类别信息形式和信息内容的实时获取，并根据获取信息的动态变化对其进行持续更新。借助5G超级物联网技术实现对各种感知技术的广泛应用，使人们随时随地借助移动终端获取最新信息，并将其应用于不同的生活生产场景中，使社会各个行业领域的工作效率和生活质量得到改善。

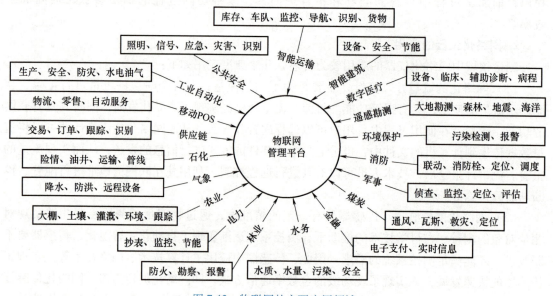

图7-12　物联网的主要应用领域

习　题

7-1　简述计算机辅助测试系统的组成部分和优势。

7-2　什么是虚拟仪器？其核心技术是什么？

7-3　试比较传统仪器、智能仪器和虚拟仪器的特点。

7-4　物联网的定义、特点与关键技术是什么？

7-5　列举网络化仪器在工程上的应用实例。

参 考 文 献

[1] 廖广兰，何岭松，刘智勇. 工程测试技术基础 [M]. 武汉：华中科技大学出版社，2021.
[2] 尤丽华. 测试技术 [M]. 北京：机械工业出版社，2002.
[3] 汪菲，刘习军，杨志永. 工程测试技术 [M]. 天津：天津大学出版社，2014.
[4] 史天录，刘经燕. 测试技术及应用 [M]. 2版. 广州：华南理工大学出版社，2009.
[5] 孔德仁，王芳. 工程测试技术 [M]. 3版. 北京：北京航空航天大学出版社，2016.
[6] 张春华，肖体兵，李迪. 工程测试技术基础 [M]. 2版. 武汉：华中科技大学出版社，2016.
[7] 马怀祥，王艳颖，刘念聪. 工程测试技术 [M]. 武汉：华中科技大学出版社，2014.
[8] 康宜华. 工程测试技术 [M]. 北京：机械工业出版社，2005.
[9] 管涛. 信号分析与处理 [M]. 北京：清华大学出版社，2016.
[10] 谢平，林洪彬，刘永红，等. 信号处理原理与应用 [M]. 北京：清华大学出版社，2017.
[11] 刘海成，肖易寒，吴东艳，等. 信号处理与线性系统分析 [M]. 北京：北京航空航天大学出版社，2022.
[12] 肖明清，胡雷刚，王邑，等. 自动测试概论 [M]. 北京：国防工业出版社，2012.
[13] 陈国顺，宋新民，马峻. 网络化测控技术 [M]. 北京：电子工业出版社，2006.
[14] 周志华. 机器学习 [M]. 北京：清华大学出版社，2016.
[15] 古德费洛，本吉奥，库维尔. 深度学习 [M]. 赵申剑，黎彧君，符天凡，等译. 北京：人民邮电出版社，2021.
[16] 邱锡鹏. 神经网络与深度学习 [M]. 北京：机械工业出版社，2020.